黏液动物的新鲜事儿

Believe It or Snot

让你大开眼界的黏液冷知识

[美] 尼克·卡鲁索（Nick Caruso）
[英] 达尼·拉巴奥蒂（Dani Rabaiotti） 著
[美] 伊桑·科贾克（Ethan Kocak） 绘
刘水 译

中信出版集团 | 北京

图书在版编目（CIP）数据

黏液动物的新鲜事儿/（美）尼克·卡鲁索，（英）达尼·拉巴奥蒂著；（美）伊桑·科贾克绘；刘水译.-- 北京：中信出版社，2020.11

书名原文：Believe It or Snot

ISBN 978-7-5217-2335-9

I. ①黏… II. ①尼… ②达… ③伊… ④刘… III. ①动物－普及读物 IV. ①Q95-49

中国版本图书馆CIP数据核字（2020）第196405号

黏液动物的新鲜事儿

著　者：[美]尼克·卡鲁索 [英]达尼·拉巴奥蒂
绘　者：[美]伊桑·科贾克
译　者：刘水
出版发行：中信出版集团股份有限公司
（北京市朝阳区惠新东街甲4号富盛大厦2座　邮编　100029）
承 印 者：中国电影出版社印刷厂

开　本：880mm × 1230mm　1/32　　印　张：4.75　　字　数：46千字
版　次：2020年11月第1版　　印　次：2020年11月第1次印刷
京权图字：01-2020-4374
书　号：ISBN 978-7-5217-2335-9
定　价：39.00元

目　录

引 言

黏液、烂泥、黏糊糊的东西、分泌物、黏性物质……毫无疑问，在你生命中的某个时刻，你曾接触过这些滑溜溜的物质中的几种。那么，黏液到底是什么？“黏液”这个词可以用来指一大堆滑溜溜甚至是黏糊糊的物质。从本质上讲，黏液是黏性物质，也就是说它们介于固体和液体之间。黏性越大的物质越不容易发生形变，流动的可能性就越小。例如，水的黏度很低，而奶油冻的黏度则要高得多。

你最熟悉的可能是自己身体产生的黏性分泌物，它们中的大多数都属于黏液。黏液是一类不溶于水的黏稠物质，含有特殊的蛋白质——黏蛋白。这种蛋白质使黏液黏稠，呈凝胶状。我们身体产生的最明显的黏液之一就是鼻涕。那么，什么是鼻涕？简单地说，就是你鼻子里的那种黏液。它可以是透明的，但当含有高浓度的白细胞或者特别黏稠时，它是黄色或者绿色的。鼻涕是由鼻腔黏液细胞产生的，通过捕获细菌来保护身体免受疾病侵袭。它由超过 90% 的水组成，不仅含有黏蛋白，还含有特殊的抗体和抗菌蛋白，能够帮助我们抵御疾病。另一种你每天可能遇到的黏

液是唾液，也被称为口水或者唾沫。这种湿湿的物质是由口腔中的唾液腺产生的，其含水量甚至比鼻涕还要高，达到了 99.5%。当我们咀嚼和吞咽食物时，唾液中的酶将帮助我们启动消化食物的过程。

鼻涕和唾液在地球上的大部分生物群（生物区系）中都有发现，但它们并不是仅有的黏稠物质。有些物种甚至有自己独特的黏液成分，而这些蛋白质或其他分子并不存在于其他物种体内。当然，这些物种产生黏液并不是为了取乐：许多物种的黏性分泌物不仅有用，而且对它们的生存来说是必不可少的，其用途的多样性与分泌物的多样性相匹配。通过已发现的黏液，你可以了解很多关于自然界的知识：植物和动物可以利用黏液进行防御、呼吸、运动、进食、发送化学信号、繁殖、冬眠等活动！所以，黏液可以让许多动植物茁壮成长，它们把我们的世界粘在一起……

黏液等级

从古至今（或者至少是从这本书开始），包括我们在内的许多人一直在寻找这个问题的答案：哪种动物最黏？为了确定每一个物种或每一组物种有多黏，我们凭借在生物令人厌恶的习性方面的专业知识，设计了一个专业的黏液等级评估体系。继续读下去，看看谁将夺得最黏有机体的桂冠！

等级	详述
0	几乎不产生黏液
*	产生黏液，通常在它的体内
**	黏液与它的日常生活息息相关，通常可以在它的体外找到
***	触摸它会沾上一手的黏液
****	产生的黏液比它需要的多
*****	产生的黏液过多，使它无法运动

刺猬

拉丁学名（亚科）：*Erinaceinae*

等级：

一般来说，如果你看到动物嘴上有泡沫，你应该会非常担心，因为这通常是疾病的症状。然而，这对刺猬来说是完全正常的现象，甚至对它们的生存有利。当暴露在浓郁的气味中时，刺猬会咀嚼这些可疑的气味——不管它来自哪里，同时产生大量的唾液，把这些臭味物质变成一种泡沫混合物吐出来。然后，刺猬会把这种臭气熏天、黏糊糊、泡沫状的东西涂抹在自己的刺上，这种行为被称为“自我涂油”。这个过程反复进行，直到刺猬身上布满了臭气熏天的泡沫。当刺猬接触到狗屎、胶水、风信子、雪茄烟雾、香水、肥皂、腐烂的肉、狐皮和蟾蜍皮等东西时，就会做出这种迷人的行为。

关于刺猬为什么会把自己藏在口水里，有两种说法。一种理论认为这是为了掩盖自身的气味，以免受到捕食者的侵害。另一种理论基于刺猬对许多毒素都有免疫力的事实，甚至有人观察到刺猬会用蟾蜍体内的毒素涂抹身体。该理论认为刺猬这样做可能会使被它们刺中的潜在捕食者更加痛苦，这是一种使它们免受伤害的额外防御措施。说得好像你需要多一个不去碰刺猬的理由一样。

羊皮纸虫

拉丁学名（属）：*Chaetopterus*

等级：

本书将涵盖抗菌黏液（珊瑚）、激素黏液（蜗牛）、有毒黏液（鱼）和令人窒息的黏液（盲鳗），但有一个物种的黏液具有相当与众不同的特征——它可以在黑暗中发光。毛翼虫属的羊皮纸虫是一种海洋多毛类蠕虫（参见“刚毛蠕虫”），以它们建造并栖息于其中的类似羊皮纸的管道命名。这些蠕虫特别黏，它们利用黏液来取食，从其管道顶部喷出黏液过滤器（类似于“幼形虫”），并通过像羊皮纸一样的管道创造出电流，吸引浮游生物和其他碎屑进入其黏液网然后吃掉。

但这远不是羊皮纸虫使用黏液的最酷方式。自然光不能到达深海，所以生物发光（在黑暗中发出微弱而稳定的光）对彼此交流和吸引猎物等来说至关重要。如果一个入侵者进入深海羊皮纸虫（比如磷沙蚕）的管道，羊皮纸虫就会分泌一团发光的黏液，包裹住入侵者，让对方一下子就能被发现。羊皮纸虫这种进化特征的奇妙之处在于，它们没有眼睛，所以它们实际上看不到自己黏液发出的光芒。

滑榆

拉丁学名（种）：*Ulmus rubra*

等级：

植物会产生各式各样的化合物来抵御食草动物，或者抑制附近其他植物的生长（否则这些植物就会来争夺生存资源）。人类也发现了这些化合物的一系列用途，比如在医药方面，尽管这些用途并不都是高尚的。滑榆就是一种能产生这类化合物的植物，主要分布在美国东部和加拿大南部。它之所以叫“滑榆”，是因为其内树皮黏糊糊的。滑榆内树皮的主要用途之一是作为镇静剂，舒缓黏膜，例如缓解咳嗽。

20世纪初，棒球运动员曾不正当地使用过滑榆。投手们会咀嚼由其内树皮制成的药片，为他们的“唾球”①制造更多黏糊糊的唾液，致使球的运动轨迹更加难以预测。当然，现在在职业棒球比赛中，这种做法已经是违规行为了，但这并没有阻止某些投手尝试它。

① 唾球：棒球中的一种手段，把球弄湿以改变轨迹。——译者注

生物膜

拉丁学名（域）：*Bacteria*（以及其他）

等级：

当需要借助显微镜才能看到的微生物，通过产生胞外聚合物（EPS，黏性分子）黏附在某个表面上，然后相互黏附时，生物膜就产生了。虽然生物膜通常与细菌有关，但真菌和原生生物等其他微生物也会产生这些结构。例如，我们牙齿上的牙菌斑（如果你每天刷两次牙就不会有太多！）就是由几种细菌和真菌产生的生物膜。

有的生物膜相当黏：事实上，只要任何表面上有一点水，它们就可以附着在该表面上。与在周围环境中相比，微生物在生物膜内可以利用更具多样性的小生境、更密集的食物来源，并得到更强的保护。不幸的是，生物膜会给其他物种带来困扰：牙菌斑会导致牙龈疾病；一些生物膜会增加细菌对抗生素的抵抗力；有的细菌利用生物膜附着在医疗设备上，这可能导致传染病的二次传播。但生物膜的存在也不完全是坏事：生物膜存在于植物的根部及其附近，为植物提供必要的营养。人类甚至将生物膜用作天然过滤器，处理废水和清除有害化学物质。

鳗螈

拉丁学名（科）：*Sirenidae*

等级：✱✱✱

鳗螈是指一类水生蝾螈，主要分布在美国东南部和墨西哥北部。这些不寻常的物种无后肢，前肢相较身体来说较细弱，是仅有的经常食用植物的蝾螈——尽管它们也吃水生无脊椎动物、鱼类或几乎任何能捕捉到的适合它们口腔大小的东西。鳗螈还拥有外鳃（该特征通常只发现于蝾螈幼体身上），这意味着它们需要在水中呼吸。但和其他蝾螈（比如黏滑螈）一样，鳗螈的身体表面可以产生一层黏糊糊的涂层，以便躲避捕食者。我们当然可以确认这一点：鳗螈很难被徒手握住！

鳗螈通常出现在季节性湿地里，黏液使它们对这种短暂的生活方式有着不可思议的适应能力。鳗螈会钻入泥中，在身体周围形成一层黏糊糊的黏液茧，类似于肺鱼——干燥时像羊皮纸。尽管这时鳗螈不进食，因而体重下降，但它们在保护茧内时整体活动水平较低（被称为“夏眠”），并且可以长时间保持这种状态。在实验室条件下，单一个体可以夏眠5年以上！

紫色海蜗牛

拉丁学名（种）：*Janthina janthina*

等级：

像巨型非洲陆地蜗牛和南极帽贝一样，紫色海蜗牛通过分泌黏液让自己停留在一个地方。但它并没有附着在岩石或房子这类坚固的东西上，相反，它停留在开阔的海面上。紫色海蜗牛通过将黏液覆盖在气泡上，形成一个类似气泡膜包装材料的筏子（浮囊）来完成这一壮举。当然，和紫色海蜗牛一样，海水也在不停地随洋流而动。我们使用筏子时坐在上面，漂浮在海面上，而紫色海蜗牛则挂在它们的筏子下面，就在海面之下。

这种漂浮的生活方式极具挑战性：如果它们的浮囊破损，紫色海蜗牛就会沉到海底死去。单个紫色海蜗牛没有办法逃离鱼类或鸟类等捕食者，也没有办法四处游动以遇见配偶。为了繁殖后代，雄性必须向水中释放精子，并期望雌性接触到精子。它们也找不到食物，只能吃送到嘴边的食物。幸运的是，它们的食物来源相对丰富，这些小蜗牛会很高兴地从其他浮游生物（比如，僧帽水母）身上刮下大块的食物，边漂浮边吃。

负鼠

拉丁学名(科):*Didelphidae*

等级:

负鼠相当奇特，它们在解剖学方面有一些令人印象相当深刻的特征。它们是有袋类动物，这意味着它们的幼崽在雌性专有的育儿袋中发育。但这并不是全部，雌性还有两条平行的生殖道，而雄性有分叉（在顶端分成两支）的生殖器。这种不同寻常的生殖系统导致一些人错误地认为雄性负鼠通过雌性负鼠的鼻孔与之交配，而雌性负鼠通过冲着育儿袋打喷嚏进行分娩。

虽然这些都很奇怪，但是与“黏”无关。不过，当负鼠装死的时候，它们会变黏。在受到威胁时，负鼠会张开嘴，露出牙齿，倒地装死。伴随着这种足以获奖的表演，有一些黏液从身体两端流出。这些有袋类动物会分泌过多的唾液，以至于看起来就像口吐白沫。不仅如此，它们的肛门腺体还会分泌出一种气味难闻的绿色液体。虽然这种表演可能很有趣（这取决于你的幽默感），但如果你遇到一只野生负鼠，最好别理它，因为它的装死表演是一种无意识的恐惧反应，可以持续4个小时，这让它变得脆弱并产生不必要的紧张感。

珊瑚

拉丁学名（纲）: *Anthozoa*

等级：

珊瑚和鱼有什么共同点呢？除了生活在海里（希望你能想到这一点！），很多人都不知道它们被黏液包裹着。黏液对于保护珊瑚非常重要，因为它们是不迁徙的，在较浅的水域中或在低潮时它们会露出水面。在这种情况下，许多珊瑚会产生更多的黏液覆盖在身上，以防止自己变干。黏液还可以抑制其他生物在珊瑚上生长，并减弱阳光的照射，因为过多的紫外线对珊瑚有害。过强的光照会导致帮助珊瑚存活的藻类抛弃它们，这就是所谓的珊瑚白化。生活在虫黄藻（构成珊瑚的有机个体）中的藻类通过光合作用为珊瑚提供能量。

珊瑚黏液对于吃东西也很重要，因为它会促进细菌生长。细菌随黏液通过纤毛进入该生物体的其中一张嘴（它有很多张嘴），帮助珊瑚消化细菌。有趣的是，科学证据还表明，黏液创造了一个抑制伤害珊瑚的有害细菌生长的环境。

粘原虫

拉丁学名（门）：*Myxozoa*

等级：✱✱

关于黏液的书怎么能不提粘原虫呢？顾名思义，粘原虫是一类“黏液动物”。这些微小的微生物引起了科学家的诸多困惑。在过去，它们被视为原生生物（一类不是植物、动物或真菌的有机体）。它们甚至与黏菌有关联，这就是它们得名的原因。但是，最近几年来，人们发现它们实际上是结构简单、高度分化的水母。那么，为什么这些有着圆顶状结构和长长的刺状触手的动物，是从我们更熟悉的“果冻”进化而来的呢？

粘原虫被称为专性寄生物，也就是说，它们只有在其他动物体内才能生存。大多数黏液动物都有两种宿主——蠕虫和鱼。它们先感染蠕虫，然后要么在蠕虫被鱼吃掉时感染鱼类，要么将孢子释放到水中去感染鱼类。这意味着，体型微小有很大的优势，它们并不需要使用刺状触手。粘原虫会导致鱼类患上各种疾病，其中包括鳟鱼的旋转病，这种疾病会阻止鱼生长并影响它们的游泳能力。如果钓鱼者（以钓鱼为爱好的人）辗转于不同水体，那么他们需要确保所有装备和靴子是干净的，以避免传播这种疾病。

穿山甲

拉丁学名（科）：*Manidae*

等级：

穿山甲是一种非常不同寻常的哺乳动物，因为它们的身体表面覆盖着由角蛋白构成的鳞片，这让它们看起来好似行走的松球。穿山甲科共有8个物种，其中有4种是在亚洲发现的，另外4种则是在非洲发现的。但可悲的是，穿山甲的鳞片可用于制造传统药物，这意味着它们的数量正在迅速减少，也导致穿山甲成为频繁遭到贩卖的哺乳动物。世界各地的保护组织正在努力阻止穿山甲鳞片的非法贸易。

你可能会认为角蛋白鳞片听起来并不是特别黏。你是对的，然而，这些动物的“袖子”（其实是嘴）上确实有一个黏到不同寻常的东西——一条非常长的黏糊糊的舌头。穿山甲唾液中含有的化合物使它的舌头特别黏，巨型陆地穿山甲的舌头可达70厘米长，富含唾液。为什么它的舌头这么长？好吧，穿山甲几乎只吃蚂蚁和白蚁。长长的舌头可以深入蚁巢和白蚁丘，黏稠的唾液意味着蚂蚁会被粘住，没有任何逃跑的希望。这样一来，穿山甲一天可以吃掉数万只蚂蚁！

长颈鹿

拉丁学名（属）：*Giraffa*

等级：

如果你认为刺猬或大羊驼的唾液很恶心，那么你会被长颈鹿的唾液吓坏的。它们的唾液特别多，而且特别黏稠，长颈鹿舌头碰到的任何东西都会被弄脏。由于长颈鹿有长得惊人的脖子和21英寸[①]长的舌头，它们身上没有什么地方不被黏稠的唾液覆盖，包括鼻子——人们经常可以看到长颈鹿用它们蓝色的舌头抠鼻子。长颈鹿的唾液又厚又黏，因为它们以多刺的乔木和灌木为食，特别是金合欢树。唾液覆盖在有尖刺的树枝上，可以保护长颈鹿的舌头和消化道不被刺伤。事实上，金合欢树的枝条可以一路穿过长颈鹿的消化系统而不会对它们造成任何伤害，不过我们并不能确定这对长颈鹿来说到底有多舒服……

有一个科学家团队正在研究长颈鹿的唾液是如何成为这么好的润滑剂的，他们用一种有趣的方法收集长颈鹿的唾液——拿着几罐苹果片前往爱丁堡动物园。长颈鹿把舌头伸进罐子里够到苹果片，同时在里面涂抹上唾液，然后科学家就可以在显微镜下观察了。哇，科学！

① 1英寸=2.54厘米。——编者注

蠕虫蜗牛

拉丁学名（种）：*Thylacodes vandyensis*

等级：

美国海军舰船霍伊特·S. 范登堡号在第二次世界大战期间曾被用作运输船，直到1993年才被用作跟踪船。那么，海军舰船与黏液有什么关系呢？好吧，这艘船在2009年被有意击沉于佛罗里达州基韦斯特海岸，目前该地是世界第二大人工鱼礁。这处珊瑚礁是蠕虫蜗牛的家园，该物种最近才得以命名，迄今为止仅发现于这艘大西洋的沉船中，但人们认为它们原产于太平洋。

这种蠕虫蜗牛如此黏腻的原因在于它们的狩猎方法。作为蛇螺科动物，蠕虫蜗牛的四个触角中有两个的末端存在腺体，它们从腺体中射出细丝来“狩猎”。这种黏液网可以捕集浮游生物之类的食物，然后蠕虫蜗牛从这个黏性捕集阱中提取食物。不幸的是，蠕虫蜗牛的泛滥可能会带来这样的问题：它们会随黏液产生能阻止许多捕食者的化合物，好让自己迅速繁殖。蠕虫蜗牛钻入珊瑚时还可能携带吸虫，我们已经知道，这种吸虫会寄生于海龟体内。

双壳类

拉丁学名（纲）：*Bivalvia*

等级：

双壳类动物属于水栖软体动物，有一个由一条“铰链”连接两部分而成的碳酸钙壳。这类动物包括贻贝、牡蛎、蛤蜊和扇贝。许多双壳类动物都生活在海底、湖泊或河流中；然而，也有一些物种通过特殊的黏性线附着在岩石上。

黏液是双壳类动物摄食的必备工具。双壳类是滤食性动物，通过鳃捕集分散在周围的食物颗粒，它们的鳃因此进化成一种特殊的摄食和呼吸器官——栉鳃。它们用黏液捕捉颗粒，黏液覆盖了它们的整个身体。一旦颗粒被黏液粘住，就会被触角或鳃上的特殊纤毛转移到口腔，这些纤毛会使黏液飘荡到口腔中进行消化。许多双壳类动物的胃中也有特殊的、结实的杆状黏液，被称为晶杆。晶杆伸进靠近胃的一个有纤毛的囊中，这些纤毛围绕着晶杆旋转，有点儿像在钓竿上绕来绕去，不过在这里线是黏液，钓竿也是黏液（但很硬）。随着晶杆转动，黏液被卷绕在双壳类动物周围，它们源源不断地将充满美味食物的黏液吸入嘴中，再送到胃部。

出血齿菌

学名（种）：*Hydnellum peckii*

等级：

如果你生活在北美洲或欧洲，那么你可能见过出血齿菌。虽然这种蘑菇确实拥有相当惊人的外观来印证它的名字，但你可能并未意识到自己见过它。这是因为这个物种的个体上了年纪之后会变成棕色，不是很显眼；但它们的年轻个体是白色的，其显著特征是从它们的子实体（蘑菇的肉质部分）中流出一种深红色的软泥，常见于产生孢子的结构。红色液体是蘑菇在潮湿土壤中生长时吸收的多余水分的副产品，其红色源于真菌产生的一种叫作裂盒蕈色素的红色色素。这是很有用的东西。由于这种化学物质的存在，那些红色的软泥可以抑制细菌生长和血液凝结，并且可以用作织物染料。

虽然“出血齿菌”这个名字并不会让人产生食欲，但它们是可食用的。不幸的是，它们不太可口。与它的另一个更迷人的俗名“草莓和奶油”形成鲜明对比的是，它的味道好似苦胡椒。欢迎品尝，请慢用！

燧鲷

学名（科）：*Trachichthyidae*

等级：

燧鲷生活在180~18 000米的深水中，是大约50种长寿鱼类的统称。你可能不会感到惊讶的是，它们的头部都特别黏，被充满黏液的管道覆盖。这些黏液管是鱼的侧线系统的一部分，鱼用它来感知水压和水流。如果你养了一条宠物金鱼，你就可以看到沿着它的侧面延伸的点线，这也是侧线系统的一部分。

20世纪70年代，人们还不怎么吃燧鲷，但随着捕鱼技术的进步，船只有能力进入海洋的更深处，于是人们开始捕捞它们。有一种燧鲷特别受渔民欢迎，那就是橙棘鲷（也被称为红棘胸鲷或深海鲈鱼）。可悲的是，由于橙棘鲷的生命周期非常缓慢——寿命长达149年，需要30年才能繁殖，所以其种群数量迅速减少，以至于该物种已被列入澳大利亚濒危物种名单。现今拯救橙棘鲷的行动有了一些起色，一些渔场已经被贴上了可持续发展的标签，但对于人们是否应该吃这种黏糊糊的鱼，仍然存在一些争论。

鸟

学名（纲）：*Aves*

等级：✳

鸟类不是最黏的生物，除了少数例外（金丝燕、企鹅和夜莺）。这主要是因为它们需要保持羽毛干燥和身体温暖，只有这样才能有效地飞行。不过，它们确实有一个“油腻”的习惯。绝大多数鸟类的尾巴末端附近有一个腺体，通常类似于乳头，被称为尾脂腺或羽脂腺。它会产生一种油性物质，用于防水和养护羽毛。所以，如果你看到一只鸟摩擦它的屁股，这不仅是因为它的尾巴发痒，实际上也是在将腺体分泌的油涂抹到它的羽毛上。

最早讨论这个腺体的是神圣罗马帝国皇帝、敏锐的猎鹰驯养者腓特烈二世，他认为猫头鹰、老鹰和其他猛禽的分泌物中含有一种毒素，它们会在爪子上涂抹分泌物，以迅速杀死猎物。事实证明这不是真的。不过，有些鸟确实为这种油开发了其他有趣的用途。戴胜是一种分布在欧洲和非洲的彩色长喙鸟，在繁殖季节，它们的尾脂腺分泌出一种气味特别难闻的物质，这种气味常被描述为像腐烂的肉一样发出恶臭。人们通常认为，鸟类这么做是为了掩盖自身的气味，从而阻止捕食者进入它们的巢穴。

狗

拉丁学名（种）：*Canis lupus familiaris*

等级： 

狗可能是人类最好的朋友，但它们流的口水远多于其他潜在的最佳朋友候选人（除非你最好的朋友是奶牛）。狗分泌的唾液量通常取决于它的大小，但有些品种的狗流口水的名声比其他品种更盛。由于嘴唇松弛、下巴大，一些狗的口水更容易从嘴里流出来，而不是被咽下。诸如猎犬、獒、拳师犬、斗牛犬和圣伯纳犬等品种，因在家具上留下黏糊糊的污渍而臭名昭著。

尽管你可能在生活中的某个时刻沾上过一条狗的口水，但你可能不知道狗的唾液实际上在心理学中扮演了相当重要的角色。19世纪90年代，一位名叫伊万·巴甫洛夫的俄罗斯科学家注意到，当狗听到有人带着食物靠近时，它们就会流口水。巴甫洛夫想知道他能否教会它们在听到其他声音时流口水。当狗被喂食时，他会发出咔嗒声，并教会狗在听到咔嗒声时流口水，即使远在它们看不到食物（甚至闻不到食物）的距离。这种学习过程被称为经典条件反射，巴甫洛夫实验是整个动物行为研究领域的基础。

盲鳗

拉丁学名（科）：*Myxinidae*

等级：

如果问世界上最黏的动物是什么，那么大多数人可能会想到蛞蝓或蜗牛，毕竟它们的整个身体都被黏液覆盖。但至少有一种动物比它们更黏。事实上，这种动物会产生大量的黏液，以至于当一辆满载这种动物的卡车在美国俄勒冈州翻车时，黏液覆盖了整条公路，还有附近的一辆汽车。坦白地说，这都是由于黏液量过多。它们究竟是什么奇怪的动物？当然是盲鳗。

盲鳗共包括76个物种，这些无颌、鳗形的鱼专门在死去或垂死的动物身上挖洞觅食。它们的黏性令人难以置信：一旦40毫克黏液从盲鳗身体两侧的腺体中释放出来，就会膨胀超过10 000倍，变成超过1升的黏液！如果把一条盲鳗放进桶里，再将你的手放进去搅一搅，你就会抓出一大把又厚又黏的液体。为什么会有这么多黏液？这些黏液可以防止盲鳗被吃掉。如果一条较大的鱼试图吃掉一条盲鳗，盲鳗就会产生足够的黏液去阻塞捕食者的鳃，阻止它呼吸。这导致潜在捕食者产生了一种相当恐慌的反应——吐出盲鳗。然后，这条盲鳗又可以黏糊糊地多活一天。

类人猿

拉丁学名（科）：*Hominidae*

等级：✱

当我们的鼻腔被鼻涕和被称为鼻屎的混合物堵住时，我们会用纸巾或手帕来擤鼻涕。一些人（智人，*Homo Sapiens*）——特别是年轻人——可能会决定用他们的手指来挑出"罪犯"，这种行为被称为抠鼻（rhinotillexis）；有的人甚至会吃掉他们发现的东西，这被称为食黏液（mucophagy）。抠鼻行为在人类中相当普遍，这也许不会让你感到惊讶；一项研究发现，约92%的受访人承认自己有过这种行为。尽管抠鼻子很常见，但这种行为可能会让其他人很反感。

然而，其他类人猿，比如黑猩猩（*Pan troglodytes*）和西部大猩猩（*Gorilla gorilla*），在从鼻子里"淘金"和摄入它们时，不会受到旁观者的惊吓。有人观察到，黑猩猩会用小棍子清除鼻子里的多余物质，或者刺激鼻腔里的神经末梢来打喷嚏。但即使这是可以接受的，就像其他类人猿物种一样，你最好还是不要用手指抠鼻子。抠鼻行为会促进疾病传播或使鼻腔内的小血管破裂，这些小血管之后可能会感染。原来，父母不让你抠鼻子是有道理的！

鬣狗

拉丁学名（科）：*Hyaenidae*

等级：✱✱

“鬣狗黄油”这个词激起你的好奇心了吗？既然你决定读这本书，那答案很可能是肯定的！然而，鬣狗黄油并不是你会想抹在吐司上的东西，因为它是鬣狗的肛门腺分泌的又臭又黏的糊状分泌物。鬣狗生活在等级森严的母系社会群体——氏族中，它们用这种“黄油”涂抹树枝等各种事物，以此标记氏族的领地。但由于鬣狗氏族的成员不断变动，它们的气味也在变化。成员们将通过在已经标记的领地上摩擦屁股，来显示它们对氏族的奉献，并在氏族的臭味表演中添加自己独特的气味。

鬣狗通过氏族内部的社会合作，表现出高度的智能行为，比如协调狩猎、决策和解决问题。一些研究表明，鬣狗的社会智力甚至可以与灵长类动物的智力相媲美。然而，对鬣狗来说，找到回家的路并不需要智慧，它们只需要跟着自己的鼻子走！

幼形虫

拉丁学名（目）：*Copelata*

等级：

幼形虫是单独游动的被囊动物，是一类滤食性海洋动物。它们在成年阶段看起来类似于海绵，但在未发育成熟时它们看起来则更像一只只透明的蝌蚪。幼形虫在被称为水层区的开阔海域里自由游动，其实它们从来没有完全进入“海绵阶段”。

巨型幼形虫（比如，*Bathochordaeus charon*）产生的黏液量与它们的身体大小完全不成比例。这些动物本身并不大——约有60毫米长，但它们会产生一个黏液“房子”，直径可达1米！这些房子是由粗糙的外网和较细的内网组成的。这使得幼形虫能够通过拍打它的尾巴产生一股贯穿其房子的水流，将食物从水里过滤出来并送入它的嘴中。这有点儿像生活在一张由鼻涕制成的巨大渔网里——动物们被粘在这张渔网上，然后吃掉网上的猎物。幼形虫并没有像洞穴萤火虫那样吃掉它们的黏液，而是在房子被黏液堵塞时丢弃它。黏液会漂走，把碳带到海洋深处。然后，幼形虫只要再建造一座新的房子就行了！

小麝龟

拉丁学名（种）：*Sternotherus odoratus*

等级：

如果你养过这类海龟中的一种，你就该知道它们的常用名“小麝龟”（普通麝香龟）和它的种加词[①] “odoratus”（有气味的）。这些名称都非常恰当，因为它们确实臭臭的。有臭味是因为小麝龟会产生一种有毒且黏稠的物质——麝香，以阻止天敌捕食，而麝香是由海龟壳（盾板）底部边缘的气味腺产生的。

其他爬行动物，比如袜带蛇（*Thamnophis sirtalis*），也会产生麝香，使自己变得不那么“可口”。如果你捡到过这类爬行动物，你可能不会因为觉得它们好吃而流口水。当被捕获时，袜带蛇会扭曲它的身体，尾巴末端的气味腺开始分泌麝香（通常还有一些来自泄殖腔的粪便和尿液）。这种散发恶臭的黏性混合物会扩散到全身，很可能还会扩散到任何抓住它的捕猎者身上。但这条蛇的麝香之所以特别，是因为它的“留香”能力：它通常能经受住多轮清洗，甚至在用水冲洗时臭味变得更加刺鼻！

① 种加词：学名中的第二个词。

河马

拉丁学名（种）： *Hippopotamus amphibius*

等级： ✱✱

河马全身都会分泌一种透明、黏稠的“汗液”，但严格来说它们不是汗液，因为这些液体是由皮下的腺体产生的，而真正的汗腺是在皮肤中发现的（和我们的一样）。然而，这两类腺体都通过蒸发带走热量，起到保持身体凉爽的作用。河马的“汗液”一旦分泌出来，颜色就会逐渐变化，从透明变为红色，然后变成棕色。发生这种颜色变化是因为“汗液”中的色素不稳定，而且很快就会降解。然而，黏液的存在可以稳定这些色素，从而使颜色保持更长时间。这对河马是有益的，因为色素沉着吸收了紫外线，就像天然的防晒霜，可以让河马在阳光下花更长时间觅食。

河马的“汗液”是酸性的，可以作为抵御细菌感染的防腐剂。这非常有用，因为河马富有攻击性，累累的伤疤可以证明这一点。这一切都很不错，但我们想提醒你：不要试着去蹭河马。河马的“汗液”也许听上去很好，但河马这种生物非常危险。

懒猴

拉丁学名（属）：*Nycticebus*

等级：

虽然毒液通常与响尾蛇（响尾蛇亚科）或蜘蛛（蛛形目）等爬行动物有关，但有些哺乳动物也是有毒液的，比如目前已被识别的5种懒猴（蜂猴）。事实上，这些毛茸茸的小动物是仅有的已知有毒液的灵长类动物。由于它们有大眼睛和深色的眼周，所以看起来有点儿像夜猴。然而，与蜘蛛和响尾蛇（它们的腺体将毒液分泌到毒牙里）不同的是，懒猴的毒液是由上臂靠近肘部处的腺体产生的，这种腺体被称为臂腺。在理毛过程中，它们的油质恶臭毒素被收集到一种叫作牙梳的特殊门牙中，这种门牙可以让这些灵长类动物在咬伤对方时释放出毒液。因此，人们经常争论这些灵长类动物是否真的有毒。

但不需要争论的是，当这些物种感受到威胁时，它们可能是相当危险的。被它们咬伤会很疼，有的人甚至可能会发生过敏性休克。虽然懒猴的毒液并不像这本书中介绍的其他动植物那样黏，但它有致命的可能这一事实让它在我们的评级系统中有了额外的“加分”。有趣的是，化学分析显示，懒猴毒液中的化合物与猫过敏原的基因序列相似，这或许可以解释人类对它们的咬伤反应的差异。

乌贼

拉丁学名（总目）：*Decapodiformes*

等级：

乌贼十分擅长利用它们黏糊糊的分泌物，一些乌贼用它们的黏液来捕捉猎物。吸血鬼乌贼（*Vampyroteuthis infernalis*，又名幽灵蛸）是另一种深海头足类动物，它利用长而黏的细丝捕捉被称为“海雪”的下沉颗粒，其中包括动植物腐烂的部分、粪便和沙子等无机物。吸血鬼乌贼在吞食海雪之前，也会用黏液包裹食物。

其他鱿鱼则利用它们的分泌物进行防御。像深海短尾乌贼（异枪鱿亚属）分泌墨汁和黏液的混合物，以分散捕食者的注意力。这类似于章鱼的防御机制，尽管深海短尾乌贼也会分泌发光细菌，产生美丽的发光黏稠墨汁云。防御性分泌物还存在于美丽的仿乌贼（*Sepioloidea lineolata*）身上，它用一层凝胶状的黏泥包裹自己，受到威胁时分泌量会大量增加。虽然这种黏糊糊的覆盖物类似于黏液，但它不含黏蛋白；相反，它含有大量只存在于头足类动物中的蛋白质。这种黏泥也有助于这些乌贼伪装自己：通过改变它们的黏性，乌贼可以把小石块粘在身体上，与周围环境融为一体！

非洲大蜗牛

拉丁学名（种）：*Achatina fulica*

等级：

顾名思义，这种蜗牛来自非洲，尤其是东非，而且它体型巨大——一只成年蜗牛的长度可达到20厘米。身体这么大，黏液自然很多。非洲大蜗牛和其他蜗牛一样，用黏液覆盖它们仅有的大足。黏液是由位于它们身体深处足部上方的上足腺产生的。蜗牛的黏液除了具有交流功能外，还减少了运动过程中的摩擦，这有助于防止组织损伤，并使蜗牛可以黏附或紧贴在岩石和树枝等结构上。静止的蜗牛还可以利用黏液形成一个膜厣（冬盖），这是一层干燥的黏液，围绕着外壳的开口与基底相连。这不仅为蜗牛提供了附着物，而且有助于减少水分的流失。

不幸的是，这种非洲大蜗牛的黏液痕迹出现在很多不该出现的地方。该物种被视为世界上最具入侵性的物种之一，也是一种主要的农业害虫，因为它们的寄主植物种类繁多。此外，它们体型庞大，有人甚至发现它们会吃掉房子里的灰泥！

角蜥

拉丁学名(属): *Phrynosoma*

等级：

动物的口腔内部没有太多的保护物，所以吃一些能咬人或蜇人的东西是颇具挑战性的。这就解释了为什么大多数动物只有在干旱条件下，由于食物匮乏才吃危险的蚂蚁。然而，角蜥擅长吃蚂蚁，它们被称为食蚁兽。蚂蚁似乎不是很有营养的食物，但角蜥有一定的适应能力，可以大量食用捕获的昆虫。首先，角蜥对蚂蚁的毒液有天然的抵抗力。其次，它们的胃特别大，可以吃下很多东西。角蜥会坐在蚁群旁边，吃掉每一个经过的“工人”，以至于撑得几乎不能动。

但它们最重要的（也是最黏糊糊的）适应能力是，连接它们的口腔和食道的咽部衬着一层厚厚的分泌黏液的细胞。不幸的蚂蚁被吞食，随后被黏液卷起，它们锋利、带刺的下颚和毒刺因此失效。这是一种非常有效的适应能力，因为被一些种类的蚂蚁——比如马里科帕收获蚁（*Pogonomyrmex maricopa*）蜇伤，会对这些蜥蜴和其他小动物造成致命伤害。

聚酯蜜蜂

拉丁学名（种）：*Colletes inaequalis*

等级：

提起蜜蜂和黏性物质，首先出现在你脑海中的东西可能是蜂蜜。但实际上，蜜蜂会产生另一种更黏的物质。聚酯蜜蜂归属于分舌蜂属，也被称为“粉刷工蜜蜂”和“玻璃纸蜜蜂”，分布于北半球的大部分地区，在欧洲和北美有160多种。这些小蜜蜂在沙质的土壤中（通常是潮湿的）筑巢。雌蜂会挖掘一条隧道，有许多腔通向隧道。然后，其腹部（臀部）的一个被称为杜氏腺的特殊腺体会产生一种黏性物质。接下来，它们把这种物质和唾沫混合在一起，撒在巢里面，晾干之后这种黏液就会形成一种类似玻璃纸的透明物质。

蜂巢的内衬不仅防水，让蜜蜂可以在潮湿的土壤中筑巢，还具有抗菌性能，使它们的卵能免受疾病侵扰。防水墙为发育中的卵和幼体保持了完美的湿度，许多蜜蜂还使用这些房间来储存由花蜜和花粉混合成的松散物质，使其在喂食给后代之前发酵成蜜蜂一天量的“汤品”。

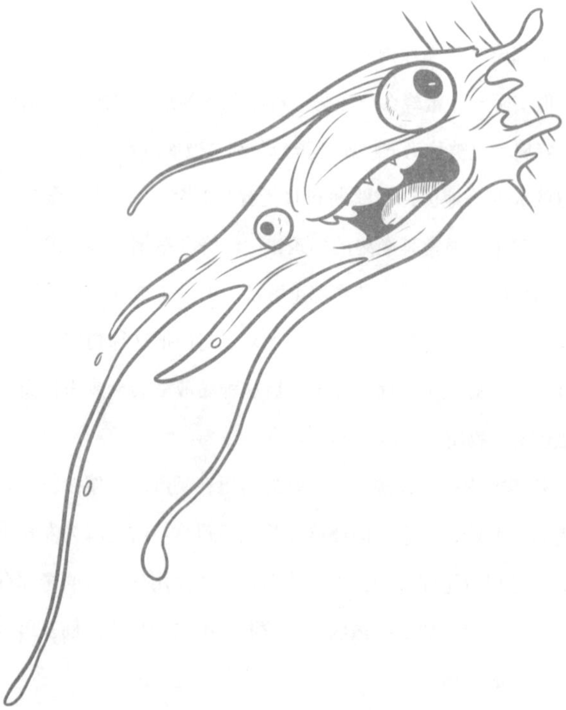

毛毯草

拉丁学名（种）：*Cladophora glomerata*

等级：

如果你曾在淡水（特别是池塘，还有河流和溪流）周围待过一段时间，你可能会注意到它们有时会变绿，像鼻涕一样黏稠。好吧，这一切都要归功于一类生物，它们有500多种，俗称毛毯草、串珠藻、毛藻，甚至被称作“马毛”。毛毯草属于藻类，看起来可能类似于植物——它们是绿色的，而且利用光合作用维持生命——但藻类没有根系或花朵。这类藻的大小从微型到巨型不等，最长可达45米。毛毯草是一种丝状藻，它们并不固定在水底，而是漂浮在水中，长成长长的串状（每日生长高度可达2米）。

如果毛毯草占据池塘或溪流，对那里的水生生物来说很可能是个坏消息。它们会阻挡阳光，使水体缺氧，进而导致鱼类和其他水生生物窒息。这可能是水中营养物质过多的迹象，被称为富营养化，通常是附近的花园或农田将多余的肥料冲入水体中的结果。你可以使用滤水器和喷泉过滤来自你花园里的肥料，或者用雨水代替自来水填满你的池塘，以抑制毛毯草的生长。

沫蝉

拉丁学名（总科）：*Cercopoidea*

等级：

如果你在户外活动，哪怕只是在你的后花园里走动，你也可能会在一些植物上见到白色的泡沫。这种黏性物质通常被称为布谷鸟唾沫，它们还有其他名称，比如青蛙唾沫和蛇唾沫。实际上，这种泡沫并不是从布谷鸟嘴里吐出来的，也并非来自青蛙或蛇，而是从沫蝉身上冒出来的，而且根本不是由唾液构成的。

沫蝉是一种小虫子，它们有惊人的跳跃能力，跳跃距离是其身长的许多倍——某些物种的跳跃距离可达70厘米！我们在植物上看到的黏糊糊的白色斑点实际上是由泡沫状的植物汁液形成的，制造者就是沫蝉若虫[①]，它们被称为口水虫。这种多汁的、黏糊糊的栖息地遮蔽了若虫，使其不易被捕食者和寄生虫发现，同时防止它们变干，使它们不受气温变化的影响。这种泡沫闻起来也相当糟糕（我们不建议尝试），以警告捕食者里面的昆虫是不好吃的。虽然这些小小的无脊椎动物吸吮树液，但大多数物种对植物造成的伤害很小，所以如果你在花园里“养”了它们，请不必担心。

① 若虫：许多昆虫的未成熟阶段，它们必须在变成成虫和繁殖之前变态。

肺鱼

拉丁学名（亚纲）：*Dipnoi*

等级：

目前地球上生活着6种肺鱼：4种在非洲，1种在南美，还有1种在澳大利亚。这些独特的动物在地球上生活了近4亿年，其化石可以追溯到三叠纪。与大多数鱼类不同，肺鱼主要不是用鳃呼吸，而是通过肺部呼吸（线索竟然真的就在它的名字里）。如果你把它们放到水里，有些肺鱼甚至会被淹死。为什么会这样？其实肺鱼是精通季节性湿地生活技巧的大师，那里的水会出现季节性变化。

到目前为止，我们还没提到黏液。但是，一旦西非肺鱼栖息地的水位在旱季开始下降，它们就会在泥土中挖一个洞，用大量的黏液填满它，然后在里面蜷缩起来，头向上朝着入口。它们减缓心率和新陈代谢，并停止进食，这一过程被称为夏眠。就像鳗螈一样，肺鱼的黏液一旦暴露在空气中就会干涸并形成茧。它们在这里待上几个月，直到雨季来临，湿地再度水量充沛。实验室研究结果表明，它们在没有水的情况下可以存活4年，这是相当长的一段时间了，但对一条已经被证明可以活90年的鱼来说，只能算勉勉强强吧！

冰川全脚跳蚤

拉丁学名（种）：*Holopedium glacialis*

等级：

正如介绍毛毯草时所讲，富营养化对水生环境来说可能是灾难性的。然而，一种营养物质完全消失也可能是有害的。在北美和欧洲的温带地区，湖泊中钙的浓度已经有所下降，特别是自20世纪80年代以来。这在一定程度上要归咎于酸雨。钙含量的减少改变了水蚤（枝角目）种群的平衡，水蚤是小型甲壳纲动物，也是食物链中介于植物、细菌和小鱼之间的重要环节。这些湖泊中较低的钙浓度意味着一种名为冰川全脚跳蚤的水蚤能更好地与其他水蚤属的水蚤竞争，而后者的甲壳/壳都需要钙。

冰川全脚跳蚤被包裹在一个由复合糖组成的果冻状胶囊里（而非甲壳），以保护它们免遭捕食。不幸的是，天平继续朝着有利于冰川全脚跳蚤生存的方向倾斜，以至于造成了严重的问题。与大多数水蚤相比，这个物种的水蚤营养不良，致使许多种类的动物不会食用这些凝胶状的跳蚤（谁会希望它们的晚餐包在果冻里呢），从而减少生态系统中的养分流动；冰川全脚跳蚤的黏性聚集体也会导致管道和过滤系统堵塞，造成经济损失。

水熊虫

拉丁学名（门）：*Tardigrada*

等级：0

缓步动物，也被称为水熊虫或苔藓小猪，是一个至少包括900种微小动物的门。这些动物遍布全球的海洋和淡水栖息地，虽然它们的典型栖息地相当不起眼——它们经常出现在被水浸透的苔藓或地衣中，但可以在最恶劣的条件下生存。这些行动缓慢的（“缓步动物”这个名字指的是它们悠闲的步伐）、拥有八条腿的分节动物可以在–272~150摄氏度的温度范围内生存。有些甚至可以在外太空的真空环境中存活10天，这是已知的唯一能完成这一任务的动物！

那么，这些勇敢的小动物是如何在看起来致命的环境中生存的呢？缓步动物不像肺鱼或鳗螈那样在不利条件下将自己保护在黏液茧中，而是进入“酒桶”状态。这意味着它们将缩回手臂和腿，蜷缩起来，丢弃身体中几乎所有的水分，并将新陈代谢降低到只保留一小部分正常功能。科学家仍在尝试揭开更多关于这种令人难以置信的生存能力的秘密。一个保持“酒桶”状态的干壳状缓步动物，很可能是地球上（甚至更广阔的星系里）最不黏的动物！

金丝燕

拉丁学名（属）：*Aerodramus*

等级：✹✹

大多数鸟类要么用树枝、羽毛和其他材料筑巢，要么在裸露的地面或岩石上产卵。然而，对许多金丝燕（一种行动敏捷的小型鸟）来说，建巢有点儿麻烦，因为它们生活在洞穴陡峭的垂直壁面上，而且可用的筑巢材料很少。许多金丝燕物种，包括其燕窝可食用的金丝燕，已经进化出一种非常黏的方法来处理这些洞穴不宜居住的问题——它们用唾液筑巢！

如果我们连续几周舔一块石头，最终只会致使舌头疼痛不已。但对雌性金丝燕来说，这是它们建造避风港来养育后代的方法。繁殖季节前后，它们的唾液腺迅速变大，唾液分泌量大幅增加。在长达一个月的时间里，雌鸟会把唾液涂在岩石表面，让唾液在那里变干。雌金丝燕反复进行这项工作，直到筑起一个茶杯大小的巢（就像半个粘在墙上的碗），并在那里产卵。在中国，这些燕窝被视为燕窝羹中的一种珍贵配料，燕窝会被摘下（燕窝里没有蛋的话），放进水里煮成凝胶状的汤。这种做法已经有400多年的历史了。

鲸

学名（下目）： *Cetacea*

等级： ✱

鲸不是特别黏。虽然它们生活在水中，但它们的皮肤不像鱼那样被厚厚的黏液所覆盖。然而，和其他哺乳动物一样，它们的呼吸系统也含有黏液。当鲸探出水面呼吸时，它们会在通过喷水孔呼气时将鼻涕高高地喷射到空气中。

海洋生物学家已经找到了一种方法，利用这种鼻涕监测鲸的种群及其健康状况。科学家在实验室中分析黏液成分，包括DNA（脱氧核糖核酸）、激素水平和细菌等。然而，这一切的前提是科学家必须有办法获取黏液。在过去，这是用一个置于柱端的培养皿完成的。研究人员不得不驾驶小船朝鲸驶去，然后切断引擎，使其漂移到距离鲸足够近的位置，以便在它呼气时将培养皿柱置于鲸的“鼻涕喷泉”下。有一组研究人员发明了一种新方法，这种方法对鲸来说压力较小，对研究人员来说也不那么恶心。他们使用无人机，无人机携带一个培养皿，飞入鲸呼出的气息中，然后把鼻涕样本带回停泊在附近的船上，交给研究人员。

鸢尾螟

拉丁学名（种）：*Macronoctua onusta*

等级：

园丁可能对鸢尾螟很熟悉。顾名思义，它们借助鸢尾（鸢尾属）来完成生命周期。不幸的是，这种蛾子（或者更确切地说是毛虫阶段的这种蛾子）会破坏鸢尾，这意味着它们经常被贴上害虫的标签。鸢尾螟分布于美国东部和加拿大南部的大部分地区。秋天，成虫会在死去鸢尾的叶上产卵。越冬后，幼虫在春天孵化，与鸢尾叶子的生长相吻合——这时黏液开始产生。

鸢尾螟毛虫在叶子上吃出一条隧道，不断地排泄出被称为“蛀屑”的废物。这种废物极其黏稠，特别是在潮湿的条件下。这种叶片损伤会导致鸢尾叶片释放出富含营养的汁液。植物在光合作用过程中自身会产生糖，这种汁液因此变得黏稠。当鸢尾螟幼虫在夏季成熟时，它们钻入鸢尾的根状茎。根状茎是茎位于地下的部分，会产生新的根和芽。这种挖洞行为帮助细菌在根状茎上定居并使之腐烂，使它们变得黏糊糊的。随后毛虫移动到土壤中并化蛹，成虫在秋天出现，从而完成了鸢尾螟黏糊糊的生命周期！

獛

拉丁学名（属）：*Genetta*

等级：

目前獛属有14个物种，它们是小型杂食性哺乳动物，原产于非洲，后来被引入欧洲地中海地区。虽然它们外形很像猫，但它们同麝猫和熊狸一样，都属于灵猫科，与獴的关系更为密切。这个家族的成员有一个共同特点，那就是其肛门附近的一个腺体——会阴腺——会分泌一种气味难闻、黏稠、油腻的黄色膏状物，用于做气味标记。

这些分泌物特别引人注意之处不是它们的黏性，而是它们的留香能力。这听起来可能不太吸引人，但你或许曾把这些分泌物涂在自己身上——有些香水是用麝猫的提取物制成的。然而，就留香能力而言，獛的麝香有可能自成一派。一位科学家在为一个研究项目收集獛时，让獛在卡车上从麻醉中苏醒过来了。不幸的是，这只獛留下的不仅仅是记忆，其腐臭的麝香味也保留了6个月！在你看来这可能不是特别浪漫，但对这位生物学家来说，这只是巩固了他的关系而已，因为他的伴侣没有被恶臭阻拦，反倒成全了一段40年的婚姻。看来爱情不仅盲目，而且缺失嗅觉。

天鹅绒虫

拉丁学名（纲）：*Udeonychophora*

等级：

任何读过我们上一本书《动物奇葩说》（*True or Poo?*）的读者，应该都知道这种身体柔软、多足、黏糊糊的食肉动物——天鹅绒虫。给没有看过那本书的人“剧透”一下，这些蠕虫从脸部喷射大量的黏液来固定它们的猎物。这种蠕虫得名于它们天鹅绒般质地的小乳突，这些乳突像刚毛一样覆盖它们的全身，使得天鹅绒虫能够防水并对自身的黏液免疫，从而可以不受阻碍地重新咽下黏液。天鹅绒虫的黏液相当不可思议，占它们体重的11%。用人类做类比，这相当于我们分泌的鼻涕像一只大猫一样重。

更令人惊奇的是，它们的黏液结构在任何其他已知的生物物质中都找不到。像蜘蛛丝这样的物质是通过有序的蛋白质获得黏性的，而天鹅绒虫的黏液则由无序的蛋白质、脂类、糖和水组成，这使得它们的黏液具有难以置信的弹性和高拉伸强度（拉伸时需要用很大的力才能使之断裂）。我们知道你到底在想什么：它尝起来怎么样呢？别担心，19世纪英国博物学家亨利·诺蒂奇·莫斯利尝试过这件事。他在1874年的论文中写道，这种黏液有一种“略带苦涩且有点儿清新的（收敛剂）味道”。我就不品尝了，谢谢。

刚毛蠕虫

拉丁学名（纲）：*Polychaeta*

等级：✱✱

多毛类蠕虫，也被称作刚毛类蠕虫，生活在各种潮湿的环境中，以长有许多毛发状结构——刚毛而得名。这些刚毛生长在肌肉发达的附肢（疣足）末端，让蠕虫看起来浑身是毛。

刚毛蠕虫的黏液分泌物有多种用途。在潮间带，你可能会发现叶状黏膜（*Phyllodoce mucosa*）的黏液束，它们利用这些黏液轨迹迅速找到下一顿腐肉晚餐。其他物种，比如被恰如其分地命名的沙堡蠕虫（*Phragmatopoma californica*）把沙子、贝壳和其他材料粘在一起，通过分泌一种即使在水下也能起作用的黏合剂建造一个“管道之家”——这种黏合剂的强度足以抵御破坏性的海浪！多毛类动物有时也漂浮在开阔的海域中，这使得捕集食物变得很困难，但是波氏属（*Poeobius*）的蠕虫配备了一个黏液网，可以捕集水体中下落的有机物。

最极端的多毛类动物可能是庞贝蠕虫（*Alvinella pompejana*），它们生活在温度高达80摄氏度的水域的热液喷口附近。虽然这种蠕虫的自然栖息地导致研究难度升级，科学家无法百分之百地确定，但他们推测，蠕虫周围的细菌为其提供了热防护，而庞贝蠕虫则为它们的共生细菌提供了一个很适合生存和摄食的黏糊糊的地方。

病毒

拉丁学名：无

等级：✱✱

从理论上讲，病毒不是生物（尽管这一直是颇具争议性的问题），因为它们不是由细胞组成的，而且不能自我繁殖。然而，病毒确实含有遗传物质，即DNA或RNA（核糖核酸）。这些遗传物质被包裹在一个蛋白质囊中，但它们需要借助宿主细胞进行复制。为了增加对新宿主的传播，病毒会影响宿主的行为，就像狂犬病毒一样（狂犬病毒会导致哺乳动物变得好斗，更容易咬伤其他哺乳动物，从而传播疾病）。

但是，引起普通感冒的病毒——鼻病毒——会以一种更黏的方式改变宿主的行为。对人类来说，鼻病毒可以导致鼻腔黏膜分泌更多黏液，即所谓的鼻漏。虽然黏液天然存在于鼻道和气道的内层，起着屏障的作用，能够在病原体进入细胞之前就将其捕获，但黏液过多可能是一件坏事。过量的黏液通过破坏呼吸道和呼吸道内的纤毛，降低人体清除病原体和抵抗感染的能力，从而成为病毒的助力。此外，像普通感冒的病原体这样的病毒，已经进化到能通过打喷嚏时喷射的飞沫（黏液滴）传播到环境中，所以打喷嚏时请一定捂住口鼻！

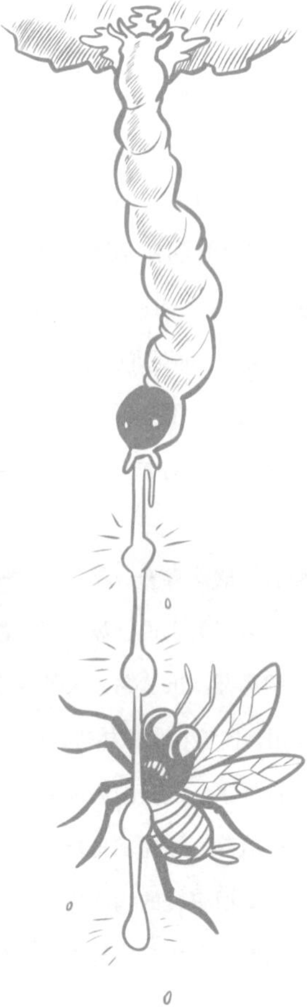

洞穴萤火虫

拉丁学名（种）：*Arachnocampa luminosa*

等级：

洞穴萤火虫（毛利语称它“titiwai”）是一种新西兰特有的小昆虫。幼虫和成虫（只存活几天）都可以发出荧光，也就是说，它们在黑暗中发光。在许多洞穴中，比如北岛的怀托摩萤火虫洞穴，这种幼虫遍布洞穴顶部，像夜空中的星星一样。

虽然这些小动物从远处看很漂亮，但仔细观察你可能会发现它们并没有那么吸引人（除非你也是一只会飞的昆虫）。洞穴萤火虫的幼虫用长长的线将自己悬挂在洞顶，线上覆盖着富含尿素（一种我们人类通过尿液排泄的废物）的黏性液滴，缠绕着毫无防备的猎物。这些线被称为罗网，可达半米长。每只萤火虫可以产生多达70个罗网，这对一只体长仅3厘米的动物来说真是太令人印象深刻了！洞穴萤火虫靠发光来吸引猎物（主要是蠓、蚊子、石蛾和飞蛾），猎物看到光后误认为是阳光，会迅速飞向光源。一旦猎物接触到罗网，它们就会被困在黏液状物质中。蠕虫在进食之前会把它的猎物向上拖，然后吃掉粘着猎物的线（勤俭节约，吃穿不愁！）。

柳叶刀肝吸虫

拉丁学名（种）：*Dicrocoelium dendriticum*

等级：

你会不会看着一大团蜗牛黏液，然后自言自语地说："我能吃这个吗？"而这正是蚁亚科蚂蚁的想法。然而，有时这团黏液中含有的不仅仅是吸引这些蚂蚁的普通蛋白质和多糖，可能还含有几十个尾蚴，即柳叶刀肝吸虫的幼虫。

与某些病毒很相似，柳叶刀肝吸虫会引起宿主的行为变化，从而增加它感染另一个宿主的可能性：要么是另一个中间宿主蚂蚁，要么是它的主要宿主，通常是寄生虫能够在其体内繁殖的食草哺乳动物。当这种扁形动物寄生虫的幼虫进入蚂蚁宿主体内时，它通过感染蚂蚁的神经系统来改变蚂蚁的行为，使蚂蚁在黄昏时停留在植物的顶端，从而更容易被路过的食草动物吃掉。但是，当各种泛有肺类陆生蜗牛通过无意中摄入哺乳动物粪便中的卵而被幼虫感染时，它们会进入蜗牛的呼吸腔。幼虫的存在激活了蜗牛的免疫反应——将幼虫包裹在厚厚的黏液中，最终多个幼虫形成一个相当大的黏液球，从蜗牛的呼吸孔中排出。这就像你感冒的时候咳嗽得很厉害一样！

黄金银耳

拉丁学名（种）：*Tremella mesenterica*

等级：

黄金银耳，俗称“黄脑菌”“金胶菌”“黄颤菌”“女巫的黄油”，是一种鲜黄色的胶质菌，分布在除南极洲以外大陆的落叶林中。这种“女巫的黄油”通常生长在枯木上。这种真菌在干燥的天气里很难被发现，因为它会变干并贴着树的表面生长；但在下雨之后或潮湿的天气里，这种真菌会产生黏糊糊、亮黄色、果冻状质地的子实体。这些子实体是可食用的，可以让汤更加醇厚。不过，它们的味道相对寡淡，烹调起来难度很大，所以它们不在受欢迎的蘑菇之列。

根据欧洲民间传说，如果你发现门上长着“女巫的黄油”，就说明你已经被女巫诅咒了。而解除诅咒的唯一方法是，刺穿这种真菌并排出其中的所有液体。正是这些传说带来了“女巫的黄油”这一绰号。然而，事实上，发现这种真菌长在你家门上并不是件稀奇事，因为它们通常会在枯死和腐烂的木头上茁壮成长。这当然不是你被诅咒的征兆，起码我们是这样认为的。

章鱼

拉丁学名（目）：*Octopoda*

等级：

黏液对章鱼来说是必不可少的：它覆盖并润滑章鱼的身体以减少摩擦，而且在章鱼抵御捕食者时能发挥关键作用。章鱼有一个被称为漏斗管的器官，它会分泌黏液并能将黏液与墨汁结合，产生结构各异的漆黑分泌物。为了避免被捕食者发现，章鱼会释放出墨汁和黏液，这些分泌物呈绳状或弥漫的云状。然而，当需要摆脱捕食者时，它们会制造假象——富含黏液的小团墨云，形状类似章鱼，用以迷惑潜在的捕食者。

指蛸（*Octopus kaurna*）甚至会用它的黏液建造家园。这种聪明的头足类动物没有其他章鱼用来变色以藏身的色素细胞，它们用漏斗管将水推进沙子里，这样它们就可以沉入“流沙”之中。随着它继续向下，指蛸利用黏液来稳定它的地下洞穴，并创造一个通气道。虽然这个黏性洞穴主要是为了躲避捕食者而修建的，但它也可以让章鱼在地下获得额外的食物来源，比如蠕虫。黏液的用途真是多种多样！

蚯蚓

拉丁学名（纲）：*Oligochaeta*

等级：

蚯蚓是像多毛类动物一样的分节蠕虫，但与刚毛蠕虫不同的是，蚯蚓身上并没有很多毛，事实上它们的拉丁学名“寡毛纲”是指这些蠕虫“毛发很少”。虽然毛发少，但是它们的黏液可一点儿也不少。黏液包裹着它们的身体，而且用途多样。蚯蚓的黏液屏障是抵御病原体的第一道防线，而且使它们能够调节盐和水的浓度，用于保护它们的地下洞穴壁，减少摩擦以促进移动；黏液甚至可以在不利条件下像为鳗螈或肺鱼提供保护膜那样保护蚯蚓。此外，蚯蚓经常与园艺联系在一起，因为它们在地下活动。蚯蚓松动土壤，为植物根系提供更多的氧气，它们的黏液还可以为植物提供黏性肥料。

不幸的是，蚯蚓黏液并不总是有益的：粗野粉蝇（粉蝇属）的幼虫沿着蚯蚓的黏液踪迹，钻入宿主体内并以其内脏为食。最黏的蚯蚓也许是新西兰蚯蚓（*Octochaetus multiporus*）。除了常规的蚯蚓黏液特征外，该物种还具有一种厚的、亮橙黄色的生物发光黏液，当受到外界干扰时，它会从嘴里、身体下端的毛孔里乃至肛门里排出这种黏液。

水蛭

拉丁学名（纲）：*Clitellata*

等级：

水蛭和蚯蚓是环带纲中两种不同的蠕虫，全球共有700多种这类黏性蠕虫。说起水蛭，虽然许多人会立刻想到寄生水蛭以血液为食，但其实有许多种类的水蛭是捕食性的，它们以小型无脊椎动物和软体动物为食。6~19世纪，医用水蛭被用来从病人身上采血。水蛭有一种特殊的抗凝血唾液，可以使血液流入它们的口腔而不凝结。至今仍有许多其他外科手术会使用它们，特别是在重建手术中，因为它们的抗凝血唾液可以促进血液流向人体组织。

水蛭的身体上覆盖着一层黏液，有助于它们黏附在它们试图叮咬的动物身上。这使它们变得很黏，任何在袜子里发现水蛭的人都可以证明这一点（我们绝对不是凭经验说的）。有些水蛭有一些特别黏的习性。人们在亚马孙河游泳后，有时会在鼻子里发现南美淡水水蛭“霸王龙”（以霸王龙命名，因为它的牙齿特别大）。这种水蛭喜欢鼻涕，人们认为它进化出这样的习性，是为了生活在海豚和水獭等水生哺乳动物的鼻子和嘴巴里。

鳗鱼

拉丁学名（目）：*Anguilliformes*

等级：

鳗鱼的名声不太好。很多人认为它们恶心又黏腻，而且如果有人被形容为“滑得像鳗鱼”，那就意味着他不值得信任！然而，鳗鱼的黏性可能被过分夸大了。如果你曾经和鳗鱼纠缠过，你可能会知道，尽管鳗鱼很滑，但它们善于从人们手中逃脱的能力与黏液关系不大，而主要与它们难以抓握的形状有关。

这并不是说鳗鱼不黏，它们和所有的鱼一样，身体都被一层黏液覆盖着。以绿鳗（绿裸胸鳝，*Gymnothorax funebris*）为例，它的黏液呈黄色。虽然这种鳗鱼的皮肤是棕色的，但黄色的黏液使它看起来是绿色的，这便是绿鳗得名的原因。尽管鳗鱼不会产生比其他鱼类更多的黏液，但有一种情况下鳗鱼会特别黏，那就是当它们被冻成胶状的时候。鳗鱼冻是一道传统的英国菜，用鳗鱼的黏液烹调而成，最终这道菜就是一个含有大块鳗鱼的黏稠果冻。鳗鱼会让人联想到鼻涕，还有一个原因：2018年，有一条鳗鱼被发现卡在一只夏威夷僧海豹的鼻孔里，但没有人知道它为什么会在那里。（对不起，我也不知道。）

鹦嘴鱼

拉丁学名（科）：*Scaridae*

等级：

鹦嘴鱼是一类鹦嘴鱼科的海鱼，分布于世界各地的热带和亚热带浅海地区。它们被命名为鹦嘴鱼，是因为它们的牙齿融合在一起，形成一个类似鹦鹉的喙，用于刮岩石和珊瑚等坚硬表面上的藻类。全球共有95种鹦嘴鱼，它们身上都覆盖着一层黏液，这与鱼类的特征相吻合。

不过，有些物种，比如白斑鹦嘴鱼（*Chlorurus sordidus*，又称污色绿鹦嘴鱼）为这层黏液覆盖物开发了更高层次的用途。每天晚上，这些鱼鳃中的特殊腺体都会分泌一整囊黏液，并将其通过打嗝排出来，从而使它们的身体像被一个鼻涕做成的睡袋包裹起来。最初人们认为这是对付捕食者的预警系统，一旦捕食者靠近就会向鹦嘴鱼发出警报。然而，最近的研究表明，其功能实际上是保护沉睡的鱼免受寄生虫侵害。人们发现，带“睡袋”的鹦嘴鱼身上聚集的巨颚等足类动物（以海洋鱼类的血液和组织液为食的小甲壳纲动物）要少得多。白天，它们会被裂唇鱼（这种小鱼的食物来自其他海洋动物身上的寄生虫）吃掉。然而，晚上裂唇鱼睡觉时，鹦嘴鱼必须依靠鼻涕来保护自己。

澳洲褶唇鱼

拉丁学名（种）：*Labropsis australis*

等级：

生物不喜欢成为捕食者的盘中餐，这就是为什么许多物种进化出一些“技能”（适应性）来阻止捕食者。例如，珊瑚有坚硬而尖锐的钙化骨骼，这让它们变得很难嚼。有些物种的细胞会排出一种尖锐而有毒的刺——刺丝囊。对于你、我或大多数鱼类来说，这听起来不太美味，事实上，只有约2%与珊瑚有关的鱼类（珊瑚捕食者）敢于享用这些刺胞动物。

澳洲褶唇鱼（突唇鱼）就是其中的一种，最恰当地说，它们的食物包括鱼和珊瑚产生的黏液。那是因为它们的嘴唇会分泌一层厚厚的黏液，用于挤压珊瑚。黏液屏障既提供了保护，使这些鱼免受刺丝囊伤害，也创造了一个密封垫，使它们可以从珊瑚的身体里吸走其黏液。澳洲褶唇鱼会优先取食受损的珊瑚，因为与未受伤害的区域相比，珊瑚受损的部位往往会产生更多的黏液。黏糊糊的，却令澳洲褶唇鱼满意！

谷叶甲虫

拉丁学名（种）：*Oulema melanopus*

等级：

人类种植了很多种粮食作物，不幸的是，我们并不是唯一喜欢吃它们的物种。许多物种在我们作物的生长期就开始掠夺，它们被称为农业害虫。虽然一些分布于原生地的物种可能是由于其食物来源的高密度人工种植而成为害虫，但一些最具破坏性的农业害虫是被引入的外来物种。谷叶甲虫最初发现于欧洲和亚洲，但后来被引入北美，在其原生地和非原生地范围内都被视为危害大麦和燕麦等小粒谷类作物的害虫。

与鸢尾螟不同，谷叶甲虫的成虫和幼虫都通过食用叶片的方式对作物造成损害，并降低作物的光合作用能力，迫使它们将更多的能量消耗在生长和维护上，而不是花在生产粮食上。这些甲虫与鸢尾螟的相似之处是，你会在这两种昆虫的幼虫分布的地方发现许多黏液。谷叶甲虫的幼虫会在身体上覆盖一层黏液和粪便，以保护自己免受捕食者侵害和免于水分流失，从而呈现出有光泽的黑色外观。农民们对这种恶心的覆盖物可能很熟悉，因为穿过受感染的农田时，他们的衣服上会留下黑色的黏液纹路。

海龟

拉丁学名（总科）：*Chelonioidea*

等级：

小麝龟并不是唯一一种被收入本书的海龟，其他种类的海龟身上也有一些令人印象深刻的黏液。海龟的输卵管（产卵的管道）会分泌一种黏液，以多种方式保护发育中的幼龟，比如绿海龟（*Chelonia mydas*）就是这样。海龟产卵后，卵表面覆盖着一层薄薄的黏液，保护它们免受真菌感染。但也许最有趣的还是这种黏液在输卵管内提供的保护，它们在那里创造了低氧环境。虽然减少氧气以促进幼体发育似乎有悖常理，但这是一种迷人的进化适应的结果。

通过限制输卵管内的氧气，胚胎发育暂停，这为雌性海龟提供了更多的时间，它们可以基于食物可利用性和安全性来寻找和选择合适的产卵栖息地。这一点很重要，因为一旦卵被产出，移动或转动它们就会损害正在发育的胚胎，这就是你不应该乱碰海龟卵的原因。如果卵在巢中安全产下并且未被黏液浸透，等到它们的氧气水平恢复正常，胚胎发育就会重新开始。

海狮

拉丁学名（亚科）：*Otariinae*

等级：

对那些和海狮关系密切的人来说，事情可能会变得相当恶心。据说海狮和其他鳍足类动物一样能放出动物王国中最臭的屁，而且它们的肠胃胀气声相当剧烈。但它们令人讨厌的排泄物并不仅仅是气体，据报道它们也是最黏的动物。海狮会分泌黏液状的眼泪让眼睛保持润滑，眼泪的分泌量增加也会冲走盐分，有利于应对含盐的海洋环境。

海狮也有充满黏液的鼻腔。但不幸的是，与人类不同，海狮在清理鼻涕方面还没有完全养成习惯。由于产生了过量的黏液，它们的鼻子可以“延展”。这些鳍足类动物会通过擤鼻涕来消除鼻塞，尽管不是用纸巾。同样地，海狮会通过用力咳嗽来排出肺部的黏液，有时这些黏液会被喷到很远的地方。当它们因鼻腔受到刺激而打喷嚏时，海狮不仅不会捂住鼻子，而且会不假思索地冲着其他海狮，甚至会冲着动物管理员。

犬羚

拉丁学名（属）：*Madoqua*

等级：

如果你正在寻找特别不黏的动物，有4种犬羚一定要列入候选行列。这是因为，这些平均身高35厘米的非洲小羚羊能很好地适应干燥的环境，保存水分，并通过它们吃的树叶和嫩枝获得所需的全部水分。1997年的一篇科学论文指出，犬羚的粪便含水量是到当时为止所有有蹄类动物（包括骆驼）中最低的，其尿液浓度也是最高的。许多沙漠物种（科学术语是旱生动物）有专门保存水分的机制。其他在排便和排尿时产生很少水分的动物包括袋熊、更格卢鼠和沙漠地鼠龟。

遗憾的是，尽管自1997年以来粪便分析领域取得了许多科学进展，但还没有人编制过粪便含水量的排行榜，因此我们无法确定犬羚能否获得“地球上最不黏的哺乳动物”的桂冠（参见水熊虫）。

南极帽贝

拉丁学名（种）：*Nacella concinna*

等级：✱✱

南极帽贝很可能不是家喻户晓的名字，除非你的家恰好在南极半岛沿岸的海里，那么你会非常熟悉这种数量庞大的海洋腹足类动物。与其他蜗牛（非洲大蜗牛和紫色海蜗牛）一样，帽贝分泌大量黏液，以减少运动过程中的摩擦，并将个体粘在其基底（它们生活的表面）上。南极帽贝的黏液还有一个非常重要的作用：防止它们被冰冻。

在这些海洋栖息地中，南极帽贝的体温会非常低——经常低于冰点，这不足为奇。奇怪的是，当活组织中的水结冰时，形成的冰晶会损坏细胞或使细胞脱水，而生命在这些寒冷的栖息地却仍在继续。一些动物会产生“防冻剂”——蛋白质或其他物质，可以降低细胞结冰的温度。同样地，南极帽贝的组织中盐的浓度非常高，但它们也会因此变得非常黏。黏液在它们体内的凝结时间更长，这是黏液的高黏度具备的一种特性。我们不建议你用鼻涕来保暖，因为人类的黏液并没有同样的特性。

玉米

拉丁学名（种）：*Zea mays*

等级：

如果你曾经种过植物，那么你可能见过它们得根腐病——过度浇水会导致根部因缺氧或受真菌侵袭而死亡。这种疾病的征兆是，植物根部变成棕色且黏糊糊的。然而，如果你在墨西哥的瓦哈卡发现一个当地的玉米品种，你可能会注意到它们的根也是黏糊糊的。这些根不是棕色的，而是红色或绿色的，并且能从地面上看到——它们从茎部伸出来。不过，这些黏糊糊的根并不是疾病的征兆，相反，它们能让这些植物从空气中吸收氮。尽管我们的空气主要由氮气组成（约78%），但由于氮气分子具有强化学键，植物无法利用这种形式的氮，通常只在土壤中的微生物将氮气转化为氨（或者由人类提供肥料）时才能利用。

玉米黏液是一种富含碳水化合物的黏性液体，提供了促进固氮微生物生长必需的能量来源，从而可以让植物直接从空气中吸收氮。由于生产和使用富氮肥料会导致空气和水污染增加，科学家目前正在研究这些植物，希望能将这种黏糊糊的适应能力扩展到其他作物身上。

大兜翼蝠

拉丁学名（种）：*Saccopteryx bilineata*

等级：

大兜翼蝠是一种发现于中美洲和南美洲的小蝙蝠，这一物种的学名（意为“大银线蝠”）来自它们背部的两条白色锯齿形条纹。这些蝙蝠过着群居生活，一只雄性和数只雌性住在一起，这些雌性被称为“眷群”。雄性用一种特别黏糊糊的方法把雌性留在它的眷群中：每天雄性都会把它的尿液和下巴下方喉腺的特殊臭味分泌物混合在一起，在肘部附近（大约在翅膀的中间）形成小囊。然后，它会在雌性面前盘旋，让囊中的气味朝雌性的方向飘去——越臭越好，因为雌性觉得这种气味非常诱人！

雄性每天会花一个小时来调制这种完美的“香水”，以打动雌性。如果一个入侵者试图偷走眷群，雄性就会充满攻击性地飞过去，把它的囊中发臭的糖浆弹向入侵者。

小抹香鲸

拉丁学名（种）：*Kogia breviceps*

等级：

小抹香鲸是一种小型鲸，体长仅为11英尺[①]左右。尽管它们遍布大西洋、太平洋和印度洋，但它们的行踪非常难以捉摸，在海上也很少见到，所以大多数相关科学发现都来自被冲到海滩上的死鲸。和大多数其他鲸一样，人们认为小抹香鲸也是黏糊糊的，除了一个特殊的特征以外。小抹香鲸和它们的近亲倭抹香鲸（*Kogia sima*）在受到惊吓或捕猎时，都会向水中释放一团红褐色的云状物。这种液体以前被科学家描述为“墨汁”或“肛门糖浆”（后者也许更形象），它们被集中存放在结肠外的一个囊中，用于迷惑捕食者和猎物。

20世纪初，科学家认为这种液体“源于乌贼墨囊中的深褐色墨汁，因为鲸类动物（鲸或海豚）曾以乌贼为食”。如今，人们更广泛地认为它们是由粪便构成的，至少有一部分如此。这也许解释了为什么一些海洋生物学家将死去的小抹香鲸描述为“他们不幸遭遇的第二难闻的气味”（排在一只死去的棱皮龟之后）。迄今为止，科学文献中还没有对这种肛门糖浆进行化学分析的报道，因此小抹香鲸结肠囊内容物的谜团尚未解开。有志愿者想要挑战一下吗？

① 1英尺≈0.3米。——译者注

企鹅

拉丁学名（科）：*Spheniscidae*

等级：✳

许多参观动物园或在野外看到企鹅群落的人都会观察到这些鸟“打喷嚏”——用鼻子喷鼻涕，伴随着类似“啊嚏”的声音。这经常让人们担心企鹅可能生病了，不过你可以放心，因为实际上这只是企鹅在适应盐水中的生活。企鹅在捕猎时经常吸入大量海水，就连那些从雪中获得饮用水的物种，比如阿德利企鹅（*Pygoscelis adeliae*），也会在海岸附近受到海水喷溅的影响。尽管饮用盐水对许多物种来说都是有害的，甚至是致命的，但企鹅的情况并非如此——盐水不会使企鹅的羽毛产生褶皱！这是因为企鹅的眼窝上方有一种特殊的腺体，叫作眶上腺，能从血液中提取多余的盐。然后，盐通过鼻导管释放出来，最终以非常咸的鼻涕的形式从鼻孔中排出。它们通过快速地摇头清除鼻涕，看起来好像在打喷嚏。

当摄入过多盐水时就会变得黏腻的鸟类并不只有企鹅。像剪水鹱（鹱科）这样的海鸟，甚至是一些爬行动物，比如海鬣蜥，也可以通过专门的腺体从血液中提取盐并排出体外——有时是从鼻孔中大力排出。

鲨鱼

拉丁学名（总目）: *Selachimorpha*

等级：

大多数鲨鱼的皮肤都相当粗糙，摸上去也不太黏。当然，我们不建议大家抚摸鲨鱼，因为它们很可能会以某种方式让你知道它们不太喜欢这样。大多数鲨鱼皮肤上的黏液都比其他种类的鱼少，但也有薄薄的一层。然而，的确有科学家报告说，与其他鲨鱼相比，大西洋刺鲨（*Centrophorus granulosus*）的黏性特别强。

鲨鱼身上有很多“果冻”，这是它们在进化过程中形成的一种探测水中电流的方法。实现这一功能的器官是充满“果冻”的毛孔，叫作洛伦齐尼瓮（又称罗伦瓮），在鲨鱼的鼻子下面。所以，如果你看到鲨鱼鼻子上有斑点，这可不是一个糟糕的痤疮病例。当动物收缩肌肉时，会产生一股微弱的电流，而洛伦齐尼瓮对电流非常敏感，它们可以检测到这些肌肉收缩。鲨鱼利用这些电感受器来定位食物，尤其是在猎物埋在沙子下面时，这一功能特别有效。

黏滑螈

拉丁学名（种）：*Plethodon glutinosus complex*

等级：

在阿巴拉契亚山脉南部，有大量可爱且多种多样的无肺螈属蝾螈。最重要的是，它们都黏糊糊的。最黏的蝾螈就是所谓的黏滑螈，它是至少13个相似物种的统称，分布在美国东部的森林地区。与该属的其他蝾螈一样，黏滑螈的尾巴顶端会分泌带有黏性的有毒分泌物。当受到威胁时，它们会用尾巴猛烈击打任何抓住它们的东西。

当黏滑螈被人类抓住时，这种黏性的胶状黏合剂会使人接触的任何东西（通常是落叶）粘在手上。哪怕经过反复的强力清洗，这些“蝾螈文身”往往也会成为一个捕捉蝾螈的美好夜晚留下的纪念品。但是，当捕食者被黏滑螈的黏性尾鞭击中时，黏性分泌物会导致他们的眼睛肿胀到无法睁开，口腔麻木干燥，舌头膨大，并且全身不适（这一点得到了两名科学家的证实，他们勇敢地吞下了少量蝾螈黏液）。想要吃掉这些两栖动物必须谨慎行事，这毫不奇怪，就像我们观察到鸟在吃蝾螈残肢之前会先啄掉它们的尾巴一样。

海兔

拉丁学名（科）：*Aplysiidae*

等级：

不同于拥有外壳的海螺或在幼虫阶段有壳的无鳃纲动物（通常被称为海蛞蝓），海兔只有一个发育不全的内壳。尽管它们的名字叫“兔”，但它们的游泳速度并不快，这是指它们在静止状态下与坐着的野兔有相似之处。那么，这些大型腹足类动物如何保护自己免遭其他海洋生物的捕食呢？你可能会猜到，既然它们在本书中出现了，那么应该与黏性分泌物有关。你猜对了。

就像章鱼一样，海兔会分泌一种深色墨汁。这种墨汁不仅会遮住捕食者的视线，而且含有刺激捕食者食欲的化学物质，诱使捕食者攻击墨汁而非海兔，这就是“吞噬拟态”。然而，墨汁很快就消散了，这导致海兔变得很脆弱。幸运的是，其他分泌物也会从它们的虹吸管中排出，为这些腹足类动物提供一个更黏的解决方案。这种乳白色的黏稠分泌物含有能抑制捕食者食欲的化学物质——可能通过用黏性阻断其身体上的化学感受器实现，而任何捕食者都必须从它们的身体上清理掉这些分泌物。所以，当一只多刺的龙虾认为它能吃到一顿便餐时，海兔会把它裹在一团墨汁云里，让龙虾费力梳洗一番。

黏菌

拉丁学名（界）：*Protista*

等级：

尽管它们的名字里有“菌”字，但黏菌实际上不是一种霉菌，甚至算不上一种真菌。不过，我们几乎可以在任何有腐烂木材的地方找到这些独特的有机体。它们是一类被称为原生生物的有机体，有时也被称为“社会性变形虫”。它们是单细胞有机体，聚集在一起成为一个更大的有机体。黏菌的移动习惯致使它们很难储存：它们在实验室培养皿中生出“伪足”（有点像触角），并经常一起“离家出走”。黏菌甚至可以解决迷宫问题，它们可以把“身体”的一部分送到不同的树枝上，找不到食物时便收回。对一个没有大脑的有机体来说，这令人印象相当深刻。

不过，它们的名字中有一点值得肯定：黏到令人难以置信。黏菌能产生大量黏液，覆盖住变形虫群。黏液可以起到“外部空间记忆”的作用，这种奇特的说法是指，黏菌会留下一道黏液痕迹，告诉群体已经去过那里了，从而使寻找食物的过程更加高效。这个巨大的、跳动的、黏糊糊的团子看起来太恶心了。事实上，1973年，美国得克萨斯州的一对夫妇登上了新闻头条，因为当时栖居在他们后花园里的一群黏菌被报道为地外生命，直到一位真菌学家（研究真菌的人）揭开了真相。

袋獾

拉丁学名（种）：*Sarcophilus harrisii*

等级：✱✱

袋獾（也称塔斯马尼亚恶魔）是当今世界上存活的最大的有袋类食肉动物。顾名思义，这些黑白相间的动物是在澳大利亚大陆之外的一个岛——塔斯马尼亚岛上发现的。袋獾有着凶猛的名声，部分是因为它们的大脑袋和可怕的下颌。它们的咬合力对任何动物来说都是最强劲的，因为它们能咬碎其他动物的骨头。然而，事实上这些动物相对胆小，主要吃腐肉，还有袋熊和小型哺乳动物。

像所有有袋类动物一样，袋獾有黏液做内衬的育儿袋，可以在里面养育幼崽。当雌袋獾生产的时候，它会向空中翘起臀部，让小袋獾顺着一条黏糊糊的溪流流到它向后打开的育儿袋里。袋獾育儿袋中的黏液对研究这类动物的科学家来说真的大有帮助：通过检查黏液的量、黏稠度和颜色，以及育儿袋的大小，他们可以判断雌袋獾是否怀孕或准备好繁殖。这一点很重要，它们因为一种传染病而濒临灭绝，知道它们何时繁殖有助于保护主义者保护这些稀有动物。

鱼

拉丁学名（亚门）：*Vertebrata*

等级：

如果你触摸过鱼，你可能会注意到它们身上滑溜溜的。互相重叠的鳞片使鱼的身体尽可能地呈现为流线型，而且让它们摸起来很滑溜。然而，让它们摸起来光滑的原因不止于此。鱼全身的鳞片上覆盖着一层黏液，这层黏液有许多与鱼的生存息息相关的功能。黏液减少了阻力，也就是鱼游动时水与鱼身体之间的摩擦力，使得它们无须耗费过多的能量。

黏液也能保护鱼免受疾病侵害。黏液不仅可以起到屏障的作用，阻止病毒、细菌等病原体侵入鱼的皮肤，还含有各种酶和蛋白质，可以杀死或抑制细菌的生长。除此之外，覆盖在鱼鳃（用于呼吸）上的黏液有助于促进水中氧气的交换和二氧化碳的排出。对一些鱼类来说，黏液在它们的生活中扮演着另一个特殊的角色。例如，一种铁饼鱼（盘丽鱼属）的后代以其父母身体上的黏液为食，直到它们可以独立觅食。我想我们都可以松一口气了，幸好我们小时候不必靠父母的黏液为生。

食骨蠕虫

拉丁学名（属）：*Osedax*

等级：

你可能没有遇到过食骨蠕虫，因为它们生活在底栖生物带（海底）。人们对食骨蠕虫的了解并不多，因为科学家最近才对它们进行了描述。目前已知食骨蠕虫属至少有26种蠕虫，其中一种的拉丁学名为*Osedax mucofloris*，俗称“食骨鼻涕花虫”，这个名字听起来就黏糊糊的。而且，它本可以仅凭外表就在本书中赢得一席之地；顾名思义，它看起来像一朵用鼻涕做成的花！不过，黏液也起了一定的作用。

食骨蠕虫也被称为僵尸蠕虫，以骨头（通常是掉到海底的鲸鱼骨头）为食，但激起它们食欲的是骨头内的脂质和蛋白质，而不是矿物质。僵尸蠕虫和其他多毛类蠕虫一样会产生黏液，但它们的黏液是酸性的，便于它们钻入骨骼并伸展它们的“根”来消化和吸收养分。

奶牛

拉丁学名（种）：*Bos taurus*

等级：

如果你长时间和奶牛待在一起，那么你可能会注意到它们经常流口水。奶牛每天能分泌超过180升唾液，相比之下，人类每天大约分泌0.75~1.5升唾液，不到奶牛的1%。那么，流口水是怎么回事？因为奶牛是反刍动物，有4个胃室，其中一个是瘤胃，能帮助它们分解纤维素。草中纤维素的含量很高，而纤维素对大多数动物来说都很难消化。

当牛吃第一口草时，唾液和最初的咀嚼开启了消化过程，然后草被吞下。食物随后进入瘤胃和网胃（前两个胃室），并在那里开始被消化。但是，不像我们吃饭时那样（我希望如此），食物被反刍回牛的嘴里并再次咀嚼，这种东西就是反刍的食物。大量的唾液有助于中和瘤胃中的酸，保护奶牛的消化组织。奶牛可以花多达40%的时间反刍，所以它们需要大量的黏痰！

刺鱼

拉丁学名（科）：*Gasterosteidae*

等级：

在本书中，我们介绍了通过各种结构产生黏液或黏性分泌物的动物，但其中最不寻常的也许是刺鱼。刺鱼是一类小型海鱼或淡水鱼，背鳍内有刺。成熟后，雄性刺鱼在繁殖季体内雄激素的分泌增多。雄激素是一种调节雄性生殖特性的激素，浓度高时会导致雄刺鱼肾脏内的细胞增大。这些细胞会产生一种奇妙的叫作刺蛋白的丝状黏附蛋白，并储存在膀胱内。雄性刺鱼利用这种黏性蛋白质，连同藻类和其他植物的碎片，在沙坑中筑巢。雌性产卵后，雄性承担起保护卵的责任。它们通过扇动尾巴给水充氧，并移除死卵或病卵。

虽然生殖很重要，但雄性刺鱼的肾脏失去了过滤液体废物的能力。令人宽慰的是，雄性刺鱼仍然能够从肛门排出液体废物，但它们用的不是肾脏，而是肠壁内的专门通道。这种为人父母的责任感令人深受触动。

大熊猫

拉丁学名（种）：*Ailuropoda melanoleuca*

等级：☀

长期以来，大熊猫对中国以外的动物学家来说一直是个谜。由于它们的天然色彩怪异，饮食习惯也怪异，解剖结构令人困惑，一些科学家认为大熊猫实际上不是熊，而是跟浣熊的关系更为密切。事实上，直到20世纪80年代，人们还在研究大熊猫是不是熊。他们得出的结论是什么呢？是的，它的确是熊。

说到会产生黏液和鼻涕的动物，人们可能不会首先想到大熊猫，尽管它们的肛门腺体确实会分泌黏糊糊的蜡状物质。作为一种独居动物，这种物质可用于标记领地，并且让附近的异性产生繁殖兴趣。然而，有一只大熊猫因其黏糊糊的习性而名声大噪。2006年，一段中国卧龙熊猫繁育中心的熊猫宝宝视频走红。在视频中，正在角落里吃竹子的熊猫妈妈因为宝宝打喷嚏的声音过大而吓得跳了起来。到目前为止，这段视频的观看人次超过2.63亿，这只“小鼻涕虫”竟然吸引了这么多观众的目光！

面包海星

拉丁学名（种）：*Pteraster tesselatus*

等级：

面包海星（非常恰当地）被称为黏液海星，是一种生长在北太平洋沿岸岩石地区的海星。它们有橙色、棕色、灰色或黄色的，在有些书中被描述为有5条“矮胖”的手臂，以及“膨胀”或“肥胖”的外观。不过，海星出现明显的肿胀是有原因的。

它们的背部表面覆盖着一层厚厚的肉质膜，有助于产生大量的黏液。面包海星有一些可怕的捕食者，比如太阳海星，它们可以轻易地追上面包海星（5条腿是无法匹敌太阳海星的11~13条腿的！）。当面包海星与太阳海星遭遇时，面包海星会将自身包裹在一层厚厚的黏液（最深可达7厘米）中，从而防止太阳海星的管足黏附在面包海星的身体上。这意味着太阳海星不能爬上面包海星的顶部，因为海星的嘴位于身体下面，所以这样一来太阳海星就不能进食了。当在实验室进行研究时，这种黏液非常适合于抵御太阳海星，而且成功率高达100%。在使用黏液防御后，面包海星就不会被吃掉啦！

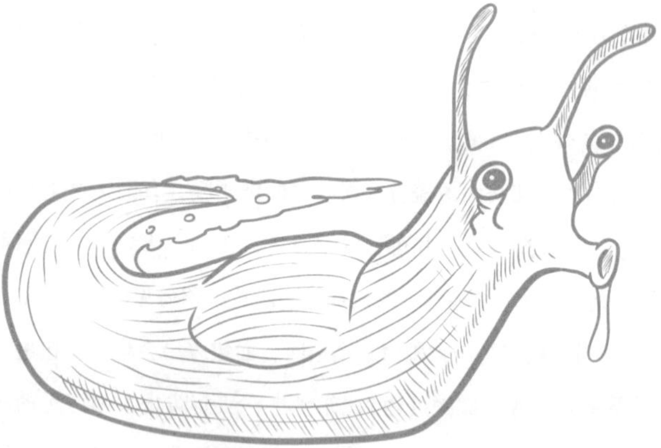

香蕉蛞蝓

拉丁学名（属）：*Ariolimax*

等级：

任何不小心赤脚踩到蛞蝓的人都可以证明，它们很黏。大型蛞蝓尤为黏糊，比如香蕉蛞蝓。香蕉蛞蝓共有三种，都相当大（长达7英寸）！它们生活在美国北太平洋海岸的森林中且无处不在，甚至成了加州大学圣克鲁兹分校的吉祥物。

黏液是蛞蝓生命活动的关键因素。黏液包裹着蛞蝓的身体，保护它们不被晒干。蛞蝓在森林的地面上移动时需要黏液，在攀爬寻找食物时也需要黏液。蛞蝓黏液具有特殊的性质，既能使蛞蝓黏附在它移动的表面上，又能在它移动时润滑它的脚（也是它身体的绝大部分！）。不仅如此，黏液中也含有信息素，可帮助蛞蝓找到配偶；还含有毒素，让蛞蝓吃起来更苦。这使得一年一度的“香蕉蛞蝓食谱大赛”（这是“俄罗斯河谷香蕉蛞蝓节”的一部分）变得更加怪异，我想我们宁愿略过这道菜，谢谢。现在请把冻鳗鱼递给我！

非洲野犬

拉丁学名（种）：*Lycaon pictus*

等级：

非洲野犬有很多名字，包括但不仅限于彩绘狗、彩绘狼、非洲猎犬和鬃鬣狗。尽管如此，它们既不是狗也不是狼，不过它们属于犬科动物。它们过着群居生活，群体中有雄性领袖和有幼崽的雌性，其余的成员帮助抚育幼崽。非洲野犬主要以哺乳动物为食，包括黑斑羚、犬羚、角马，甚至还有狒狒。狩猎前，一群非洲野犬聚在一起。在这个类似于公众集会的活动中，野犬们互相问候，加强社会联系。然而，并非所有集会都以狩猎结束，研究人员一直想知道它们到底是如何决定解散的。

事实证明，非洲野犬用一种特别黏的方法来决定什么时候去捕猎。研究人员注意到，群体成员在离开前总是反复打喷嚏，打喷嚏的次数取决于打喷嚏的是谁。如果是雄性领袖或雌性，打三个喷嚏就够了。然而，普通群体成员不得不打十次或更多次喷嚏来说服其余成员。但是，一只患了感冒的野犬是否会对决策产生不利影响，尚待确定。

猪笼草

拉丁学名（属）：*Nepenthes*

等级：

猪笼草主要分布在马来西亚半岛，而有些种类的猪笼草则生长在澳大利亚、印度和马达加斯加。这些植物由浅根组成，长有许多长茎，每根长茎的末端都有一个“陷阱”或“水罐”①，里面装满了糖浆状液体。由于有人观察到灵长类动物从中喝水，所以它们通常被称为“猴杯”。尽管如此，这种“水罐”并没有演化得像猿猴用的品脱玻璃杯；相反，它进化出捕捉小动物的功能。这些植物边缘的颜色鲜艳，能吸引昆虫，光滑的表面使昆虫落入下面的糖浆陷阱。“水罐”内的液体含有黏弹性聚合物，它们基本上是使液体黏稠、有弹性的特殊分子，从而使“水罐”能够有效地捕捉飞蛾、苍蝇和胡蜂等有翼昆虫。

这种液体中的酶既能溶解猎物，又能防止其腐烂，使猪笼草获得养分（主要是氮和磷），而这些养分是它们无法从所生长的贫瘠土壤中获得的。这些植物用黏液捕获的不仅仅是昆虫，蜥蜴、啮齿动物、小鸟有时也会被困在其中。此外，如果你读过《动物的“屁”事儿》或《动物奇葩说》，你可能很清楚：有些猪笼草甚至以树鼩的大便为食。

① “陷阱”或“水罐”：指猪笼草的捕虫囊。——编者注

青蛙

拉丁学名（目）: *Anura*

等级：

你可能对一些青蛙体表的黏液层很熟悉，比如牛蛙（*Rana catesbeiana*），它们黏糊糊的，而且很难用手握住。这层黏液有助于防止皮肤多孔导致的水分流失，甚至有助于预防细菌或真菌感染。然而，有些物种也会充分利用额外的黏性分泌物。当被激怒时，原产于西澳大利亚的贝氏架纹蟾（*Notaden bennettii*）的背部会分泌一种黄色黏合剂，用于阻止捕食者。这种黏合剂也是诱捕猎物的有效工具，试图叮咬这些蟾蜍的昆虫会被黏合剂陷阱捕获，蟾蜍随后蜕掉它们的皮肤，吃掉上面的昆虫。

原产于非洲南部的散疣短头蛙（俗称馒头蛙，*Breviceps adspersus*）也能产生黏合剂，但主要用于繁殖。通常，在青蛙繁殖过程中，雄蛙从雌蛙背部抱住雌蛙，雄蛙与雌蛙一起释放精子和卵子。这对馒头蛙来说是不可能的——这个物种太圆了，雄性无法抱住雌性。然而，雄性可以产生一种黏性胶水，帮助雄性和雌性保持附着状态，即使它们是圆形的也不要紧。这种胶水的黏性如此之强，以至于科学家报告说，当一对馒头蛙被强行分开时，它们的部分皮肤会因此被剥掉！

美洲夜鹰

拉丁学名（种）：*Chordeiles minor*

等级：✱✱

美洲夜鹰是一种擅长伪装的鸟，身长为8~10英寸，分布在北美洲和南美洲的大部分地区。它们张开长满刚毛的大嘴，在空中捕食飞蛾等大型昆虫。

美洲夜鹰在地表筑巢，在裸露的地面上产卵。雌鹰在孵化卵的同时，利用其惊人的伪装能力伪装巢穴以躲避捕食者。一旦小夜鹰出生，雌雄夜鹰都会把活的飞虫带回巢中喂养后代。夜鹰运输食物时，会把它们含在嘴里。没有动物想要嘴里满是昆虫地飞来飞去，所以夜鹰用厚厚的黏液把给后代的食物裹上，粘成一团。这团黏糊糊的蠕动昆虫对我们来说可能看起来非常可怕，但对小夜鹰来说，这似乎是一顿盛宴。科学家一直在用科学仪器对这些食物团进行取样，而不是通过品尝的方法（你永远不会知道……参见“黏滑螈”）测试这种黏液到底是由什么构成的。现在，人们认为它是一种尤为黏稠的唾液。

原驼

拉丁学名（种）：*Lama guanicoe*

等级：✳

你可能不熟悉原驼，但你应该听说过美洲驼（*Lama glama*），它是6 000多年前从南美安第斯山脉的骆马驯养而来的。在南美洲的多个栖息地——平原、海拔高达5 000米的山区甚至是沙漠中，都能发现原驼。与跟其亲缘关系密切的美洲驼一样，原驼也是食草动物，皮毛厚，一般性情都很平静，脾气也很温和。

这些哺乳动物有两种保护自己不受捕食者伤害的方法，第一种是发出听起来像笑声的响亮叫声，提醒兽群中的其他成员注意危险，并逃到安全的地方。第二种是它们感到威胁时会吐口水，这些黏糊糊的口水可以准确地喷射到6米远的地方！原驼的口水可能有些黏，通常情况下甚至比其他动物的更恶心，原因是它们的口水与消化液及胃中未消化的食物混合在一起。所以，和对待任何野生动物一样，你最好和它们保持一个表示尊重的距离，即使它们看起来很平静。否则，你与原驼的战争可能会以它在你的脸上吐口水告终。

海参

拉丁学名（纲）：*Holothuroidea*

等级：

如果你熟悉《动物的“屁”事儿》和《动物奇葩说》，那么你会知道我们非常喜欢海参，以及它们迷人的适应性。它们排出内脏的能力值得关注，除此之外它们还有黏糊糊的特性。海参的口腔触须被许多黏液覆盖，其结构因其功能而不同：有些种类的海参，比如黄海参（*Colochirus robustus*），因为要从水柱中过滤出食物颗粒，所以它们的触须是羽毛状的；其他种类的海参，比如被黏液覆盖的细锚参（*Leptosynapta dolabrifera*），需要扫过沙质基质觅食，所以其口腔触须像拖把。

但当海参处于防御状态时，情况就变得很“黏糊”了。海参倾向于尽可能地避免对抗，独特的胶原组织使它们能够将整个身体液化，继而逃到捕食者无法跟踪的小缝隙中，然后又迅速使自己的身体变僵硬，捕食者就无法把它们从缝隙中抓出来。一旦它们被捕获，一些种类的海参（比如黑海参，*Holothuria forskali*）就会从它们的肛门中释放出带有黏性和毒性的丝线——居维叶氏管，这些丝线可以诱捕任何潜在的捕食者，而且对一些海洋生物来说具有致命性。难道海参身上的奇迹不是永无止境的吗？

粒突箱鲀

拉丁学名（种）：*Ostracion cubicus*

等级：

粒突箱鲀（一种黄色箱鲀）是以其立方体的身形和幼鱼呈现的亮黄色命名的。这些魅力四射的小鱼分布在太平洋和印度洋的珊瑚礁上。虽然它们有坚硬的箱形身体和短粗的小鳍，似乎不太适合在海洋中活动，但这些鱼敏捷得惊人。尽管它们的身体形状怪异，但它们可以快速地在周围环境中活动。事实上，这些鱼的游泳技巧非常高超，以至于梅赛德斯-奔驰汽车公司根据它们的体型设计了一款汽车。

和其他所有鱼一样，粒突箱鲀的身体表面覆盖着一层薄薄的黏液。不过，它们还有另一个黏糊糊的把戏：就像羊皮纸虫一样，这些又小又胖的鱼用它们的黏液作为防御工具。粒突箱鲀的黄色加上它们的黑色斑点，是一种警戒色——用明亮的颜色警告捕食者这种鱼是有毒的。它们在压力之下会向水中分泌一种充满神经毒素的黏液，从而杀死附近的其他鱼。这使得粒突箱鲀很难被困住，因为当陷入困境时，它们会很快杀死同伴。

朝天水母

拉丁学名（属）：*Cassiopea*

等级：

顾名思义，朝天水母不像其他大多数水母那样钟状物在顶部，触手在下面。目前已知的仙女水母属的9个物种都生活在整个热带和亚热带的浅海底部，它们的口腕附属器（而不是触手）伸向海面，而不是海底。口腕看起来像触手，但不同之处在于口腕高度分枝，沿着其长端生有较小的次生口；而且口腕长在水母的口周围，靠近钟状物的中心，而不是钟状物的边缘。虽然这些水母含有可进行光合作用的共生虫黄藻（比如珊瑚）为它们提供营养，但它们也捕捉猎物，并用刺丝囊保护自己和固定猎物。

然而，与其他水母不同的是，朝天水母会将充满刺丝囊的黏液释放到周围的水中，所以你尚未触摸到它们就可以体验到它们带来的刺痛感！很多浮潜者都遇到过这种“会刺痛人的水”，还有人观察到疣面关公蟹（*Dorippe frascone*）背上背着这种水母，它们很可能会保护这些水母，并为其提供伪装。

蜗牛

拉丁学名（纲）：*Gastropoda*

等级：

就像非洲大蜗牛和它们黏腻的亲戚蛞蝓那样，蜗牛属于腹足类动物，是一类软体动物。除了它们的壳之外，蜗牛最显著的特征可能就是它们的黏液了。黏液覆盖了它们的整个身体，在蜗牛的相互交流中起着重要作用。蜗牛黏液的痕迹能帮助它们找到回家的路，即找到安全、潮湿的地方，成群的蜗牛在不进食的时候可以在那里待上一段时间。

蜗牛也可以利用它们的黏液痕迹寻找其他蜗牛。这可能是好事，比如蜗牛用它来寻找其他准备好繁殖的个体。不过，这也可能是坏事。尽管大多数蜗牛以植物为食，但有些蜗牛也会吃其他蜗牛，比如玫瑰橡子螺（也称玫瑰狼蜗，*Euglandina rosea*）。它们会用专门的口器跟随一条黏糊糊的踪迹，然后发现并吃掉成为它们猎物的蜗牛。

然而，利用这种黏液的不仅仅是蜗牛。从古希腊时期开始，人类就一直在用蜗牛黏液做面部护理，近年来它在抗衰老面霜中的应用也越来越普遍。然而，到目前为止，关于这个主题的大规模科学研究尚未展开。

所以获胜者是……

黏液冠军

恭喜盲鳗!

最终排名

名称	等级
盲鳗	
黏菌	
面包海星	
羊皮纸虫	
幼形虫	
毛毯草	
天鹅绒虫	
海参	
乌贼	
沫蝉	
章鱼	
蚯蚓	

（续表）

名称	等级
黏滑螈	
海兔	
香蕉蛞蝓	
鳗螈	
紫色海蜗牛	
蠕虫蜗牛	
非洲大蜗牛	
柳叶刀肝吸虫	
鳗鱼	

（续表）

名称	等级
鹦嘴鱼	
谷叶甲虫	
海狮	
玉米	
食骨蠕虫	
青蛙	
蜗牛	
双壳类	
燧鲷	
澳洲褶唇鱼	
肺鱼	
冰川全脚跳蚤	
洞穴萤火虫	
大兜翼蝠	

（续表）

名称	等级
刺鱼	✱✱✱
粒突箱鲀	✱✱✱
朝天水母	✱✱✱
刺猬	✱✱
滑榆	✱✱
生物膜	✱✱
负鼠	✱✱
珊瑚	✱✱
粘原虫	✱✱

（续表）

名称	等级
长颈鹿	✱✱
出血齿菌	✱✱
鬣狗	✱✱
河马	✱✱
角蜥	✱✱
聚酯蜜蜂	✱✱
金丝燕	✱✱
鸢尾螟	✱✱
獛	✱✱

（续表）

名称	等级
刚毛蠕虫	
病毒	
黄金银耳	
水蛭	
海龟	
南极帽贝	
袋獾	
鲨鱼	
鱼	

（续表）

名称	等级
奶牛	✱✱
非洲野犬	✱✱
猪笼草	✱✱
美洲夜鹰	✱✱
穿山甲	✱½
狗	✱½
小麝龟	✱½
懒猴	✱½
小抹香鲸	✱½
鸟	✱

（续表）

名称	等级
类人猿	
鲸	
企鹅	
大熊猫	
原驼	
犬羚	
水熊虫	0

鼻漏

通常被称为“流鼻涕”，一种鼻腔充满黏液的情况。

变态

动物的形态转变为成年阶段。

变形虫

一种单细胞真核生物，利用伪足运动和进食。

虫黄藻

单细胞的光合原生生物，与海洋无脊椎动物（比如珊瑚和水母）生活在一起。

刺丝囊

一种可以投射带刺或有毒物质的细胞。

多糖

由许多糖结合在一起形成的分子。

防腐剂

一种能防止微生物感染活组织的物质。

腹足类动物

属于软体动物门腹足纲的动物，比如蜗牛和蛞蝓。

过敏性休克

导致低血压的严重过敏反应。

旱生动物

一种能够适应水分流失能力、生活在沙漠环境中的动物。

呼吸孔

蜗牛或蛞蝓的呼吸结构。

警戒色

动物用来警告其他动物的颜色，表明自己是危险的。

眷群

在由一只雄性（有时是两只雄性）和多只雌性组成的动物社会组织中，雄性所占有并保卫的一群雌性。

裂盒蕈色素

一种天然存在于某些真菌中的化学物质，能抑制细菌生长和凝血。

瘤胃

反刍动物胃的第一区室，接收最初吞下的食物或反刍的食物。

洛伦齐尼翁

在一些鱼类（比如鲨鱼或肺鱼）身上发现的器官，可以感知水中的电场。

膜厣

蜗牛形成的结构，由壳开口周围的干燥黏液组成，有助于防止水分流失。

黏弹性

既具有流动阻力（即黏性），又能在被拉伸或压缩后保持形状（即弹性）。

黏蛋白

在黏液中发现的能够形成凝胶的蛋白质。

鳍足类动物

属于鳍足目的哺乳动物，比如海豹和海狮。

热液喷口

被火山活动加热并从海底开口流出的水。

软体动物

任何属于软体动物门的动物，比如蜗牛或乌贼，有一个被称为外套膜的腔，用于呼吸和排泄。

色素细胞

含有可以反射光的色素的细胞。

珊瑚捕食者

吃珊瑚的动物。

上足腺

腹足动物的腺体，位于足上方，产生黏液。

神经毒素

能抑制或破坏神经系统的物质。

生物发光

生物在特定条件下自行发光。

食黏液

以黏液为食。

收敛剂

任何能使组织收缩的化学物质。

水柱

在水体表面和水底之间延伸的垂直部分。

头足类动物

属于软体动物门头足纲的动物，比如乌贼和章鱼。

吞噬拟态

一种防御方式，通过用分泌的化学物质模仿食肉动物的食物来源误导捕食者。

网胃

反刍动物（比如牛）胃的第二区室。

伪足

细胞膜的一个突起，不是永久性的。

尾脂腺

发现于鸟尾巴底部，分泌防水油脂。

下颚

无脊椎动物的口腔中进行咀嚼的部分。

夏眠

当环境太热或太干而无法生存时，长时间静止，代谢活动减少的时期。

信息素

动物产生的任何能影响该物种的生理或行为的化学物质。

雄激素

脊椎动物的一组调节雄性特征的激素。

嗅觉缺失

气味感知能力缺失。

真菌学家

研究真菌的科学家。

栉鳃

软体动物的鳃，作为呼吸器官。

专性

在生物学中，指一个仅限于特定栖息地或生活方式的物种。

致 谢

感谢为本书做出贡献的黏液专家们，你可以在以下推特账号中找到他们：

Elly Knight @ellycknight

Jack Ashby @JackDAshby

MaLisa Spring @EntoSpring

Catie Alves @calves06

Maxime Dahirel @mdahirel

Elizabeth Ostrowski @elizostrow

Jacinta Kong @jacintakong

Christopher R Wright @WilyMongoose

Crystal @maneatingplants

Rachel Hale @_glitterworm

Sarah McAnulty @SarahMackAttack

Tori Roeder @Tori_Roeder

Megan McCuller @mccullermi

Alexander Robillard @AJRobillard

Katie O’Donnell @katie_m_o

Christine Cooper @CECooperEcophys

Alexander S H Dean @Fungiguy2

Fraser Januchowski-Hartley @Nasolituratus

Débora @debnewlands

Dennis @TheBushFundi

MarAlliance @MarAlliance

John Tulloch @JT_EpiVet

Nicola G Kriefall @BiologyForLyfe

Bailey Steinworth @baileys

Jessica Light @je_light

Justine Hudson @justinehud

Vanessa Pirotta @VanessaPirotta

Audrey Dussutour @Docteur_Drey

Robert Insall @robinsall

Damaris Brisco @fungal_love

Abid Haque @abidhaque

Hailey Lynch @HaileyLynch99

Subash K Ray, The Swarm Lab, NJIT